国家科学技术学术著作出版基金资助出版

网络信息体系能力演化
分析方法研究

张婷婷　著

U0197641

科学出版社

北京

内 容 简 介

本书针对当前网络信息体系构建过程中体系能力演化的有效建模与追踪问题，介绍体系能力演化分析方法与评估方案，为国防采办的决策过程提供可靠性分析手段。本书分为 6 章：第 1 章介绍网络信息体系的相关研究；第 2 章介绍网络信息体系演化机理；第 3 章介绍网络信息体系演化建模方法，抽象描述成员系统的行为变化及与体系的交互；第 4 章介绍网络信息体系结构优化算法和体系结构质量评估方法；第 5 章介绍网络信息体系结构演化动态仿真方法；第 6 章为战略预警体系分析案例。

本书适合从事系统科学领域的研究和教学工作人员、网络信息体系建设的参与人员、复杂大系统工程实践的工程技术人员及宏观体系的管理人员等阅读。

图书在版编目（CIP）数据

网络信息体系能力演化分析方法研究 / 张婷婷著. —北京：科学出版社，2019.1

    ISBN 978-7-03-056566-2

    Ⅰ. ①网⋯　Ⅱ. ①张⋯　Ⅲ. ①计算机网络－信息网络－研究　Ⅳ. ①TP393

    中国版本图书馆 CIP 数据核字（2018）第 028939 号

责任编辑：徐杨峰　张　湾 / 责任校对：彭珍珍
责任印制：黄晓鸣 / 封面设计：殷　靓

科 学 出 版 社 出版
北京东黄城根北街 16 号
邮政编码：100717
http://www.sciencep.com

广东虎彩云印刷有限公司印刷
科学出版社发行　各地新华书店经销
*
2019 年 1 月第 一 版　开本：720 × 1000　1/16
2025 年 2 月第十四次印刷　印张：9 1/4
字数：181 300
定价：80.00 元
（如有印装质量问题，我社负责调换）

序

网络信息体系是近年来我国军事领域的研究热点。经过广泛的学术研讨,人们对其概念的认识不断深化。从广义上理解,网络信息体系是网络化、信息化的作战体系,是有中国特色的 C4KISR;从狭义上理解,网络信息体系是以网络中心、信息主导、体系支撑为主要特征的军事信息系统。该书将网络信息体系定义为多个 C4ISR 系统组成的系统,并从体系工程的角度探讨军事信息系统的设计与优化。实际上,C4ISR 系统本身就是一个集合名词,是由 C2、通信、计算、ISR 等类简单系统组成的复杂系统,其显著特点是非线性和涌现性。体系的整体性能或能力取决于其成员系统及其结构,且随时间、环境条件而动态演化,梅尔(Maier)曾将不断演化的发展过程定义为体系的五大特征之一。分析体系能力的演化规律,是学术界研究网络信息体系的重要内容。

演化(evolution)原指生物在不同世代之间的差异现象,以及解释这些差异现象的理论。生物的演化是物竞天择、适者生存的结果,主要机理是生物基因的遗传性,以及为适应环境或因物种间竞争而引发的变异。演化又称为进化,但严格来讲,演化有进化与退化双重含意。演化是一种不可逆的运动现象,是无序与有序、低度有序与高度有序、混沌态与平衡态之间的更替过程。演化的反义词是变革或革命(revolution),前者强调渐变,后者强调突变,前者强调连续与随机过程,后者强调断裂式创新、从头开始。显然,网络信息体系的整体能力只能是动态演化,虽然在演化过程中有可能生成新质战斗力,但不可能发生翻天覆地式的变化。

鉴于演化概念源自生物体系,所以用遗传算法分析网络信息体系的能力演化也就顺理成章了。该书用不同染色体表示不同体系结构中成员系统及其接口关系,用遗传优化算法在体系结构空间中寻找最优染色体,即最佳的体系。鉴于优化的目标函数具有多元性,该书又运用多属性模糊评估算法,对演化后的体系质量进行定量的判定。此外,作者采用着色 Petri 网方法动态仿真体系的演化过程,为体系演化的分析评估提供了直观手段。这些都是该书的核心思想,也是作者的主要创新点。

该书是作者在博士论文基础上加工而成的,论文曾获中国指挥与控制学会首届"优秀博士学位论文"提名奖,并获得了 2017 年国家科学技术学术著作出版基金的大力资助。作为一名年轻教员,能有勇气向体系工程的理论高地发起冲击，精神实属可嘉。在此我向作者表示敬意，并祝她在今后的学术研究中百尺竿头，更进一步。

中国人民解放军军事科学院系统工程研究院研究员

中国工程院院士

2018 年 2 月

前　　言

　　互联网、物联网及信息的语义网等具有超复杂网络结构，广泛应用于城市信息网络、交通网络、航空航天系统、军队武器装备、指挥控制的各个应用领域和过程环节。超复杂网络系统的构建需要综合考虑诸多因素：它具有对不确定外部环境的适应性、鲁棒性和自适应性；成员系统在地域分布上具有广阔性，在功能上具有多样性、灵活性；系统模块具有松耦合性、相对独立性。超复杂网络系统具有体系的特征。

　　系统科学认为复杂网络系统的演化性表现为系统随时间发生的变化，其在结构、特性、行为和功能发生变化的主要原因有两个：①复杂系统的构建是反复迭代和渐进的过程，其发展受自身结构及研发生产、维护能力、经费保障等多种因素的制约，系统内各组成元素经历从无到有的形成过程，从不完整到完整的进化，以及从有到无的退化等一系列现象，同时面临技术革新及系统升级的需求。②复杂系统的建设需要集成现有孤立系统，实现系统间的互联与互操作，衍生新的能力，形成更加有效的系统能力。但是，局部系统地域分布广泛，隶属于不同建制的部门，具有完整功能的独立系统，它们的目标和复杂系统的目标不尽一致，驱使系统做出决定是否要参与到复杂系统当中去。

　　复杂系统的涌现性表现为系统通过自身反复工程迭代以逐步实现最大化的整体效能，协调成员系统之间的组合，产生"1+1＞2"的整体层面的效能。如何刻画演化对复杂系统的影响及涌现性关系成为问题的关键。复杂系统主要由成员系统的功能、系统间接口所形成的系统功能聚合，形成的体系结构决定复杂系统的功能，功能决定了复杂系统的能力。通过体系结构变化来研究复杂系统层面能力的变化及演化。本书认为造成体系结构演化的原因是复杂系统通过自身不断的工程迭代逐步实现能力最大化，其结构受外界环境、任务需求变化、系统的参与和协作的影响，受资金、信息技术的约束。通过观察发现，体系结构的演化会牵引出复杂系统能力相关特性的变化，复杂系统中个体的微小变化可能导致系统的重大变化。

　　如何分析具有演化性的复杂系统构建？从纵向角度分析领域问题的描述，构建"集成系统-系统-子系统"模型，利用计算机仿真方法模拟复杂系统的个体行为及在虚拟环境下中的互作用、演化，让系统的复杂行为自下而上地"涌现"出来。这种仿真的困难在于计算的空间和时间复杂度高，涉及的要素过于复杂。另外，目前的复杂系统规划策略缺乏对子系统是否参与复杂系统构建的影响进行建模的方法，很难实现复杂系统设计的最优化。因此，本书期望提出简单、快捷的复杂系统结构演化和能力演化的分析方法。

军事领域中有广泛的超复杂系统应用，在当前新军事变革下，各国都在建设自己的军事信息体系。2012年9月，美军发布《联合作战顶层概念：联合部队2020》，其核心是实施"全球一体化作战"，该作战概念中任务式指挥等关键能力本质上是网络中心战理念，在全球、全域实施联合作战。"全球一体化作战"高度依赖于全球的信息和网络。2013年1月，美军发布了《联合信息环境》白皮书，提出建设联合信息环境，实现美军的作战人员能够通过任意设备、在任意时间、全球范围的任意地点（三个任意）迅速而坚定地执行多样化任务。我军于2014年提出网络信息体系的概念及基本构想，构建未来军事领域的信息体系，按照一体化思路以网络为中心，将探测装备、指挥系统、信息化武器等各类作战资源联为一体，以信息为主导，进行相互融合和全网共享，解决全网资源的优化调度、自主协同与能力聚合，实现资源共享和增值服务，实现能力最大化。从系统科学的角度看，网络信息体系是典型的"开放复杂巨系统"，与传统武器装备系统相比具有体系工程特征。2017年十九大报告再次强调我军要提高基于网络信息体系的联合作战能力、全域作战能力。构建我军的网络信息体系已迫在眉睫，急需相关的技术与理论给予支撑。

与传统的复杂军事信息系统相比较，网络信息体系内涵发生了根本变化，系统结构和应用环境的动态变化造成系统边界的模糊性和不确定性，系统任务需求、组成单元、总体架构、支撑技术处在不断演化之中，网络信息体系结构演化和能力涌现特性较为突出，需要提出新的体系结构演化分析方法来预测和掌控网络信息体系构建过程中的能力涌现。以美国为首的军事强国已经敏感地认识到这个问题，近年来开始全力探索和研究以体系工程为代表的系统科学新方向。目前我军还未见有研究，期望通过对网络信息体系结构演化分析方法的研究，给出复杂系统演化分析的新方法。

综上所述，本书从"体系结构最优化、体系能力最大化"这一需求出发，基于网络信息体系结构设计应用，讨论动态环境、动态系统条件下体系结构演化分析问题。首先，需要归纳出能够分析网络信息体系结构演化的问题。结构演化涉及的核心演化要素是什么？要素之间有什么关系？如何建立结构演化核心要素模型？其次，分析体系结构演化机理是什么？包括演化的动因、演化的约束、演化的目标。建立体系结构演化机理分析模型，发现网络信息体系结构演化的动力学机制，建立体系演化过程模型、系统行为模型。构建网络信息体系结构与体系能力之间的映射关系，为分析网络信息体系结构演化对体系能力的影响建立基础。为了掌握体系层面因结构演化造成的体系能力的涌现，设计网络信息体系能力聚合层次结构。最后，实现一种网络信息体系结构二进制码的数值描述方法，该数值作为输入参数，通过体系结构演化优化算法的计算，输出演化后的体系结构，给出一种从体系结构到体系能力的质量评估方法，实现对演化后的体系结构的评估。

本书的研究问题有着较强的学术价值和应用前景。一方面，复杂系统的体系结构演化量化问题是学界亟待解决的难题。体系结构的迭代演化描述方法正处于起步阶段，其定义、演化机理描述方法、演化过程描述方法都未成熟，其动力学机制问题研究的机遇和挑战并存。演化过程中对体系结构优化问题，未见国内外其他学术团队或高校在"从演化角度对体系结构进行多目标优化"这方面的研究成果。另外，在复杂系统背景下，随着机器学习、复杂网络等相关领域的发展，越来越多的体系演化迭代分析应用到如社会网络分析、生物系统、军事复杂系统等诸多领域中。体系结构演化分析方法有着非常广泛的应用领域，研究支撑结构演化分析模型运行的体系结构演化分析平台有着广泛的应用前景。通过分析发现，军事领域的网络信息体系演化特性明显，体系构建需求数据丰富，为了更清晰地对体系演化进行研究，本书的研究落点于复杂系统体系演化分析方法在网络信息体系的应用。

本书仅仅是系统总结了作者前期的研究成果，为本领域的研究工作提供部分研究思路，为参与网络信息体系的建设者和其他体系工程实践人员提供可行的操作方法。在本书的成稿过程中，还存在诸多方面的缺憾，如关于网络信息体系构建过程中的体系与系统间的博弈问题和体系演化的轨迹问题没有涉及，在能力涌现分析的研究上不够深入。本书之所以把诸多缺憾留给读者，主要是抛砖引玉，为本领域的研究提供方向。另外，也激励我进一步地深入展开研究，早日形成更完善的版本，以谢读者。我期待您给予我指导与支持，也渴望您通过本书去挖掘体系工程领域的"金矿"，为本领域的发展贡献您的成果，并对网络信息体系的构建提供思路和方法。

2018 年 4 月 30 日

目　　录

序 ·· i

前言 ·· iii

第 1 章　绪论 ·· 1
  1.1　研究背景与意义 ·· 1
  1.2　国内外研究现状 ·· 3
    1.2.1　体系概念的研究 ·· 3
    1.2.2　体系设计方法 ·· 6
    1.2.3　体系演化特性分析研究 ·· 8
    1.2.4　体系演化建模仿真方法 ·· 9
    1.2.5　体系演化度量方法分析 ·· 13
    1.2.6　体系结构设计与优化方法 ··· 14

第 2 章　网络信息体系演化分析框架 ··· 16
  2.1　引言 ·· 16
  2.2　网络信息体系及演化概念和特征 ·· 16
    2.2.1　网络信息体系的概念及特征 ·· 16
    2.2.2　网络信息体系演化的概念与定义 ·· 21
    2.2.3　网络信息体系演化的特征 ··· 21
    2.2.4　网络信息体系能力的概念 ··· 26
  2.3　网络信息体系演化模型 ·· 27
    2.3.1　体系演化要素 ·· 27
    2.3.2　体系演化要素之间的关系 ··· 31
    2.3.3　体系演化机理分析 ··· 34
  2.4　网络信息体系演化分析方法 ·· 37
    2.4.1　体系结构演化分析方法 ·· 37
    2.4.2　体系能力演化分析方法 ·· 39
    2.4.3　体系演化分析层次 ··· 41

第3章　网络信息体系演化建模方法···45

3.1　引言···45

3.2　体系层次模型建模方法···45

　　3.2.1　体系层次分析···45

　　3.2.2　基于能力聚合的网络信息体系层次模型·······································47

　　3.2.3　网络信息体系层次模型形式化定义··49

3.3　体系演化模型建模方法···52

　　3.3.1　体系演化模型定义及假设··52

　　3.3.2　网络信息体系演化约束条件描述··53

　　3.3.3　网络信息元体系结构建立与选择··54

　　3.3.4　网络信息体系演化动因描述···55

3.4　网络信息体系演化过程建模方法···57

　　3.4.1　初始网络信息体系···57

　　3.4.2　引导网络信息体系分析··59

　　3.4.3　网络信息体系结构发展和演化··60

　　3.4.4　计划网络信息体系更新··61

　　3.4.5　实现网络信息体系更新··61

　　3.4.6　下一波网络信息体系演化分析··62

第4章　网络信息体系演化度量与优化方法···63

4.1　引言···63

4.2　体系演化度量模型··63

　　4.2.1　参数定义···63

　　4.2.2　演化度量模型形式化描述··65

　　4.2.3　度量模型算法··68

4.3　体系优化评估算法··68

　　4.3.1　问题描述···68

　　4.3.2　多目标优化策略···69

4.4　网络信息体系演化评估方法··77

　　4.4.1　模糊综合评估的数学模型介绍···77

　　4.4.2　网络信息体系质量多属性模糊评估体系··78

第5章　网络信息体系结构演化仿真模型的生成方法·······························84

5.1　引言···84

5.2　CPN方法··84

5.2.1　Petri 网及 Petri 网系统的定义 ………………………………86
5.2.2　Petri 网扩展描述 ………………………………………………87
5.3　网络信息体系结构演化的 Petri 网模型构建过程 …………………88
5.3.1　体系结构模型的转换规则 ……………………………………90
5.3.2　体系演化模型的转换规则 ……………………………………91
5.3.3　体系结构演化复杂度描述方法 ………………………………92
5.4　网络信息演化策略分析仿真案例 ………………………………94
5.4.1　海面舰艇防御体系功能描述 …………………………………94
5.4.2　模型的动态演化 CPN 模型 ……………………………………95
5.4.3　SWS 体系性能仿真分析 ………………………………………98

第 6 章　综合应用案例研究分析 …………………………………………101
6.1　引言 …………………………………………………………………101
6.2　案例背景介绍 ………………………………………………………101
6.3　战略预警体系模型描述 ……………………………………………101
6.3.1　体系能力描述 …………………………………………………102
6.3.2　规划的未来战略预警能力需求 ………………………………103
6.3.3　系统能力与体系能力相互关系描述 …………………………104
6.4　战略预警体系结构优选 ……………………………………………107
6.4.1　优化染色体 ……………………………………………………110
6.4.2　接口关系生成 …………………………………………………111
6.4.3　演化过程仿真实验 ……………………………………………113
6.5　战略预警体系评估分析 ……………………………………………116
6.5.1　体系评估属性 …………………………………………………117
6.5.2　演化过程评估分析 ……………………………………………118

参考文献 …………………………………………………………………124
致谢 ………………………………………………………………………133
后记 ………………………………………………………………………134

第1章 绪 论

1.1 研究背景与意义

由于技术手段的不完备和管理体制的局限性，早期的 C4ISR（command，control，communication，computers，intelligence，surveillance and reconnaissance）系统是烟囱式的[1]，20 世纪 90 年代海湾战争的爆发暴露出各军兵种"烟囱式"系统不能互联互通、不具备互操作性等诸多问题，美军开始建设全军一体化的指挥信息系统，实行统一规划和分散建设相结合的管理体制，并且一直沿用至今，逐步取得了世界领先的地位。

随着网络技术的发展，网络中心化已经成为信息化条件下联合作战的核心。美军在"2020 年联合作战构想"中提出 C4ISR 系统的构建需要符合联合作战任务要求[2]，要向网络化、体系化方向演化，能够快速应对使命任务的变化，以作战目标为中心，通过对作战资源的充分共享和聚合，实现 C4ISR 系统资源的统一调度与使用。为支持跨区域、跨军兵种的快速响应、协同作战和灵活柔韧，对 C4ISR 系统的构建从指导思想、实现途径和能力建设方法等方面提出了新的要求。联合作战已经跳出各作战单元局部对抗的范畴，是整个作战体系之间的对抗，要求指挥决策必须从战略全局出发，使诸兵种、诸战场、诸系统的作战力量有机结合，最大限度地发挥出整体效能，协调一致地夺取胜利。这就需要重构各指挥信息系统和武器装备原有的隶属关系，在统一的指挥控制下打破既有建制，实施最佳组合，充分发挥各个作战要素的功能，产生"1+1＞2"的打击效能[3]。

新军事模式下，我军目前提出网络信息体系的概念，要求对网络信息体系的建设要有全局意识，建立一种体系视角，从陆、海、空、天、电五维空间进行建设和整合，将探测装备、指控系统、信息化武器等各类作战资源融为一体，以信息为主导，进行深度融合、全网共享，解决全网资源的优化配置、自主协同与能力聚合，实现资源共享和增值服务，实现能力最大化，实现信息体系由"以平台为中心"向"以网络为中心"的转变。与过去传统的指挥信息系统相比，此时的网络信息体系的内涵发生了根本变化，是典型的"开放复杂巨系统"，与传统的网络信息系统相比，它地域分布广、成员系统灵活高效、相对独立、具有涌现性和演化性等体系工程特征。

目前，我军指挥信息系统已初步统一了技术标准，配发了一大批系统骨干装备，基本建成了能够覆盖东南沿海和首都防空区等重点方向的应急作战部队，涵盖预警探测、情报侦察、指挥控制、通信导航和战场环境信息保障，实现了跨军兵种信息系统的互联互通和简单的互操作。同时，针对特定使命任务和典型作战指挥体制，初步形成了包括中央军委联合作战指挥中心、作战集团（集群）、参战部队的三级系统装备体系[4]。指挥信息系统的互联互通技术问题已基本解决，但对于网络信息体系的构建仍然面临着一些问题。

一是存在系统融合的问题。在指挥信息系统"烟囱"林立的时代，各个部门各自建设了大量的信息系统，有许多为重复建设。站在体系武器装备采办的角度，为了避免浪费，网络信息体系的建设需要把现有的孤立的系统进行集成，要求与其他系统进行互联互操作，从而衍生新的能力，形成更加有效的指挥控制信息体系。这些系统地域分布广泛，而且隶属于不同建制的部门，都是具有完整功能的独立系统，它们各自都有需要完成的目标任务，而其中的一些目标和体系的目标不尽一致，这些系统层面的问题驱使系统做出决定，是否要参与到体系当中去。目前的体系建设策略缺乏对成员系统参与体系构建对体系全局效能的影响进行建模的方法，从而很难实现复杂系统设计的最优化。

二是存在体系演化的问题。体系的发展受自身结构及研发生产、维护能力、经费保障等多种因素的制约，在建设过程中呈现出渐进式发展的特点，体系内各组成元素存在着从无到有的形成过程、从不完整到完整的进化及从有到无的退化等一系列现象，建成以后由于技术的革新及系统的升级面临满足新版本的需求。这样看来，网络信息体系的构建是一个反复迭代的过程，其中一个显著特征是持续演化性，并且在体系演化的过程中涌现新的能力，逐步实现体系优势。在实践中发现，有些涌现行为与特性是有害的、设计之外的、非预期的和非期望的消极涌现。网络信息体系演化是一个非线性系统行为，不存在一个重复的、可预测的因果关系链。因此，如何使体系积极涌现最大化、消极涌现最小化是体系演化过程管理面临的一个突出问题。

三是成员系统存在优胜劣汰的问题。在网络信息体系建设规划问题上面临对系统的选择。例如，确定保留和继续使用的系统、更新的系统，增加新系统及淘汰不适宜的系统。复杂系统理论和系统工程理论默认系统是确定不变的，无法解决当系统更新迭代时体系的构建问题。

目前国际上对于体系建设主要采用美国国防部体系架构框架（DoDAF）分析方法[5]，这种框架从业务、系统和技术的角度来描述系统结构。此类方法聚焦于如何定义和开发体系结构，很少考虑到体系的动态演化及系统在决策和交互过程中的涌现行为。对于某一成员系统的参与与否对体系全局效能造成的影响缺乏掌控，缺乏这些能力就难以实现体系设计的最优化[6]。在体系演化发展过程中要处理环境（如安全威胁、作战任务）的发展变化，体现出越来越强的动态性。如何满足环境变化的需求，保证体系能力在动态过程中按照预期目标发展，控制整个体系能力发展轨迹等，都是目前体系规划和管理中面临的难点问题。

只靠"目测"来决定体系的设计或者靠不断的纠错来提高设计质量，必将导致人力、物力、财力的大量浪费，特别是演化活动的延误。因此，需要从体系演化视角出发，除了关心自身和成员系统的资金、进度安排及可能实现的能力外，还要关心其他方面的问题，如体系高层的、非线性的、组合的属性。这些属性包括总体可负担性、成员系统间连接在体系层面的涌现性、成员系统参与与否对体系能力实现的关联关系等。针对这些问题需要对体系演化行为进行建模，从而对所有可行的体系设计有一个清晰的认识，并且能够在可行设计中做出权衡选择，分析判断体系演化行为将会带来的影响[7-10]。

1.2　国内外研究现状

关于体系的研究内容也呈现出多样化的发展趋势。总地来看，体系的主要研究内容包括体系建模与仿真、体系实验设计和验证、体系的度量评估、体系的定义和演化、体系的涌现等。从近年来国内外公开发表的有关体系的资料来看，目前关于体系的研究热点主要集中于体系概念的研究、体系设计与优化方法研究、体系演化特性分析研究、体系演化建模仿真方法研究、体系演化度量方法研究、体系仿真测试环境研究。

1.2.1　体系概念的研究

体系（system of systems，SoS）也称为系统的系统，是一个分布式计算机集成系统组合，其特征是组成体系的单独系统在操作和管理上是独立的，同时系统之间也是互相影响的[11]，具有演化特性[12]。实际上体系已存在不同的领域，如航空体系、网络信息作战体系和通信网络[13-14]。如今在生物学、医学、天文学、社会科学和国防领域等都涉及体系问题，目前体系问题是系统科学的一个重要研究方向。但是至今在体系概念和定义方面没有一个统一明确的描述，有文献可查的定义就有 41 种[15-16]。

对于"体系"内涵的解释，《现代汉语词典》中提到体系是相关事物或相关联意识构成的一个整体。《苏联百科词典》将体系划分为物质和抽象两个方面，是相关元素的集合，该集合中的元素之间有着关联关系。

美国芝加哥大学的 B. J. L. Berry 在 1964 年的一篇论文中最早提到体系[17]，英文名称为 system of systems，用来讨论城市建设系统中的系统，这一提法后来用在许多科学领域。系统科学体系工程协会主席（SoSECE）J. R. William 指出体系主要用于研究超大系统或者超复杂系统，是对系统科学研究的发展和分化[18]。20 世纪 40～50 年代，系统科学研究对象为一般系统、系统控制与系统动力学。50～80 年代，系统科学研究对象分为软系统方法和硬系统方法，软系统方法研究系统管理、社会系统、生物和生态系统、非线性系统，硬系统方法研究系统工程、系统分析与控制、线性系统、耗散系统。90 年代至 21 世纪初，系统科学研究对象为大规模系统、超复杂系统。

最初对体系的理解是在系统集成的研究基础上发展而来的，认为体系有六个基本特征[19-20]：

（1）构成元素是一些具有独立建设和发展权力的成员系统。

（2）各成员系统之间开发的时间阶段是任意的，没有关联性。

（3）成员系统虽然是独立存在的，但构成体系时成员系统必须存在一定规则的依赖关系。

（4）从体系的角度看，成员系统的能力应能支撑体系的能力构建。

（5）体系目标优化不是简单的各个成员系统的目标优化，两者之间没有必然关系。

（6）体系使命任务的完成依赖成员系统共同具备相互合作的能力。

Norman 认为，体系具有动态性和复杂性。体系是动态环境中交互系统的集合。动态影响体系的环境分为两种：一是外部环境，即整个体系所处的环境；二是内部环境，即成员系统行为对体系的影响。

Maier 认为，与复杂大规模单一系统相比，体系还具有其他特性[21]：

（1）体系演化不是以确定的形式存在的。体系随着使命任务和环境变化会造成体系功能、结构等形式的演化。

（2）体系具有渐进开发与整体涌现的行为特性。

另外还有一些代表性的定义，是 Kotov、Pei、Sage、Cuppan、Keating、Kaplan 等研究人员根据各自不同的背景领域给出的[22-28]。

随着军事科技的发展，体系的概念也被应用于军事领域。美国军方首先提出了体系的概念。美国应用物理实验室（the USA Applied Physics Laboratory）认为[29-30]，军事领域的体系是各个军事实体的联合体，使得整个体系的能力大于实体能力之和[31]。2007 年，美国参谋长联席会议主席签发了《联合能力集成与开发系统》（*Joint Capabilities Integration and Development System*）手册，认为体系基于使命任务的能力需求，将相关系统进行连接，使得系统间建立相互依赖的关系，从而使体系的效能依赖于这些成员系统的功能及系统间连接关系构成的涌现能力[12,32]，认为复杂系统与体系虽然都具有复杂性和涌现性，但是存在本质的区别。虽然复杂系统中的子系统存在复杂的交互，但子系统之间的行为有其固定的模式。而体系是在网络环境中动态演化的，成员系统的自主性行为促成体系整体目标的实现，它通过网络中心的体系结构在成员系统间动态建立连接[33]。

美军和我军近期都提出网络信息体系的概念。网络信息体系是以网络为中心，将探测装备、指挥系统、信息化武器等各类作战单元联为一体，以信息为主导，进行相互融合、全网共享，最终形成一体化联合作战体系能力[34-36]。同时，它也应该包括相关的标准规范、条令条例及组织机构、人的行为等管理要素。2012 年 9 月，美军发布了《联合作战顶层概念：联合部队 2020》[37-38]，其核心是实施"全球一体化作战"，该作战概念中的任务式指挥等关键能力本质上是将网络中心战理念拓展到全球、全域实施联合作战。2013 年 1 月，美军发布了《联合信息环境》白皮书[39]，提出通过建设联合信息环境使美军的作战人员能够基于任意设备、在任意时间、在全球的任意地点（三个任意）迅速而坚定地履行多样化任务。

综上所述，体系的定义存在两个层次的界定[40]：一是体系层的概念特征；二是体系组成系统或者说子系统层的特征。两个层次上的特征可概括如下：

（1）体系层的特征包括规模性和复杂性、高度灵活性、动态演化性、地理分布性、可变性和涌现性等。

（2）子系统层的特征包括异构性、独立性（如规划、运行与管理的独立性）、自相容性、地理分布性、自主性、支配性、嵌入性、多域性、背景性、概念框架的差异性、面向任务性、专用性、同步性、重用性和复杂性等。

前面提到的体系定义都具有专业性和领域性，到目前为止，体系还未有一个统一明确的定义。同时，体系相关问题的研究尚在探索初期，以至于还不能有一个共同接受的看法。目前我军指挥信息系统正在进行网络化、一体化建设[41]，逐渐形成体系特征，利用系统科学解决网络信息体系建设中的一些问题，是我军建设发展的重要研究课题。

现在许多领域对复杂系统的开发与建设需求是不断变化的，这就需要以体系的视角去解决这些问题，而体系的许多问题是原有系统工程方法解决不了的，主要表现在需求分析、资源分配、集成交互和动态演化几个方面[42]：

（1）体系的需求分析远远超过了系统工程需求方法所能承受的规模。

（2）构成体系的系统都是根据独立的需求进行开发的，系统间相互协作和依赖关系的大大增加，为集成和开发带来了新的挑战。

（3）体系是复杂开放系统，所处环境和任务需求处于变化中，而系统工程问题是由边界确定的。

（4）系统工程考虑单系统问题，而体系是多系统集成问题。

基于此，有学者提出了体系工程（system of systems engineering，SoSE）方法[43-44]，21 世纪初这一方法被逐步接受并成为研究热点，并成立了体系工程研究机构，目前国际电气与电子工程师协会体系工程委员会（IEEE System of Systems Engineering）和系统工程国际委员会（International Council on System Engineering）是两家知名的体系工程研究机构，另外，还定期举办体系工程国际会议[45]，创办 *System of Systems Engineering* 期刊等。研究人员开展了一系列的理论研究与工程实践活动，包括美军未来作战系统（future combat system，FCS）的全新设计与实现，美海岸警卫队深海作战系统的一体化改进，战区弹道导弹防御系统（theatre missile defense system）的建设等[46-48]。体系工程主要解决体系构建与体系演化问题，与系统工程过程的以"功能"为核心不同，体系的构建过程以构建体系"能力"为核心。因此要求体系演化的过程是权衡能力构建方案的过程。由于体系在演化过程中会出现成员系统的淘汰和新增，体系工程需要解决体系边界的不确定性问题。但在这一领域仍然没有形成一套知识体系，缺乏公认的、普遍接受的方法[49]。在借鉴国外先进思想与方法的基础上，结合我军信息系统构建的具体情况，本书旨在提出符合网络中心化网络信息体系研究的理论、方法和相关工具。

1.2.2 体系设计方法

为了搞好顶层设计规划，美国政府各部门提出了体系结构框架，先后发布了C4ISR AF 1.0[50]、C4ISR AF 2.0[51]、DoDAF 1.0[52]、DoDAF 1.5[53]、DoDAF 2.0[54]等多个版本的体系结构框架[55-56]，实现跨领域、跨项目设计成果的集成和比较，各业务部门通过建立满足自身需求的体系结构框架来开展体系设计，建设了核心体系结构数据模型（core architecture data model，CADM）、通用联合作战任务清单（unified joint task list，UJTL）、DoDAF 数据元模型（data meta-model，DM2）等通用设计参考资源。同时，结合上述体系结构框架，形成了结构化、面向对象、基于活动、以数据为中心的多种设计方法，并成功应用于全球信息栅格（global information grid，GIG）、FCS 等工程建设中。以海军协同工程环境（naval collaborative engineering environment，NCEE）等建设为重点，为开展信息系统顶层设计提供技术手段保障。NCEE 充分运用体系工程思想[57]，基于 DoDAF、统一建模语言（unified modeling language，UML）、系统建模语言（systems modeling language，SysML）等建模方法和系统结构（system architecture）、软件变更管理工具 CORE、需求管理工具 DOORS 等设计工具，以设计数据共享为目标，通过网络集成需求管理、功能分析、任务分析、体系结构、仿真设计等设计工具而实现一体化，支持开发人员、采办人员分布式协同设计，具备体系结构、特定应用领域、部队系统集成和互操作性的分析、设计、评估能力[58]。

受美军影响，其他国家也逐步认识到体系结构的重要性，纷纷开展了相关的研究工作。英国国防部参考 DoDAF 1.0 并结合英国国防部自身特点制定了国防部体系架构框架（Ministry of Defence Architecture Framework，MoDAF）[59]。北大西洋公约组织（简称北约）对其体系结构框架进行了重大调整，以各国的成功案例为基础，将框架的适用范围扩展到指挥控制通信（communication，command and control，C3）系统以外的所有领域。2007 年，发布了《北约体系结构框架》3.0 版[60]。挪威陆军装备司令部在美军 C4ISR 体系结构框架的基础上，引入国际标准化组织制定的开放分布式处理参考模型（reference model-open distribution processing，RM-ODP）中的概念，提出了一个名为 MACCIS（minimal architecture for CCIS）的初步体系结构框架[61]。澳大利亚国防军以美军 C4ISR 体系结构框架和 Meta 公司的企业体系结构战略（enterprise architecture strategies，EAS）为基础，制定了国防体系结构框架（defence architecture framework，DAF）[62]。

　　体系设计方法虽然在军事发达国家（特别是美国）已经得到了充分发展和应用，但在体系集成优化等方面还没有形成成熟的理论体系。体系集成优化就是在任务、环境动态变化的约束条件下，通过调整系统的结构，提高系统的性能和效能，使系统在灵活、高效、安全、可靠等方面达到一定的要求。相关的研究主要集中在指挥控制（command and control，C2）组织结构设计方法上，分为理论研究、实验研究和基于复杂网络的研究等方面，也有通过仿真对系统进行优化的相关研究。理论研究方面主要有四种 C2 组织设计方法，分别是基于嵌套遗传算法的设计方法、基于粒度计算的组织结构设计方法、三阶段组织设计法和改进的三阶段组织设计法。在实验验证方面，主要是对 C2 组织、指挥控制通信及情报（communication，control，command and intelligence，C3I）系统进行建模与仿真分析。乔治梅森大学系统体系结构实验室做了大量的研究工作，其中代表性的是该实验室的 Alexander H. Levis 研究团队提出的 Petri 网模型仿真方法[63]。目前，国外已有较多研究将复杂网络理论应用于军事领域，如美国陆军科学技术专业委员会主持的"复杂网络理论在未来陆军中的应用"的研究项目等。此外，目前国内外基于传统的优化模型求解方法，开展了大量系统仿真优化方法的研究，提出了一系列优化技术，如直接搜索法、响应曲面法、随机逼近法、梯度估计法等，在解决信息系统仿真优化问题方面发挥了重要作用。

　　体系设计也包括对体系的描述，它是采用适当的手段来描述体系设计内容。早期，美国国防部在颁布 C4ISR AF 时，关注的还是建立一个通用的体系结构框架，以确保 C4ISR 系统综合集成和互操作性的实现。为实现这一目的，采用了统一的描述方式（即结构化描述语言）来描述设计内容，但随着应用范围的扩大，涉及的人员角色越来越多，统一的描述方式已不能适应不同用途所需，在一定程度上阻碍了对设计内容的沟通和交流，此时，采用合适的描述方式来展现设计内容，以促进对体系设计数据的有效利用变得越来越重要[64]。

　　在我国，众多科研机构和高校从 20 世纪 90 年代开始对综合电子信息系统体系结构设计进行了系统而深入的研究。经过"十五"和"十一五"的研究，我军在顶层设计技术研究上已取得了一些成果，编制了具有我军特色的体系结构设计标准——《军事电子信息系统体系结构设计指南》（GJB/Z 156—2011），以标准形式提出了电子信息系统体系结构的设计原则、步骤和内容，并研发了相应的体系结构设计工具，在理论方法研究和支撑手段上初步具备了支持综合电子信息系统顶层设计的能力，但标准针对的还是系统级体系结构设计，不能解决体系设计问题[65]。

1.2.3 体系演化特性分析研究

体系作为由系统组成的更高层次的复杂巨系统，具有一般系统没有的特性和规律。其中，一个显著特征是持续演化性，即体系的成员系统及体系提供的能力都可能处于升级演化过程中。同时，体系的演化过程中会出现涌现性，即体系中的成员系统通过交互协作呈现新特征和属性[66]。国内外针对体系的这种演化特性开展了一些相关研究。

20 世纪 90 年代，国内学者开始探索复杂系统及其演化，提出了建立复杂系统演化理论是科学发展的必然趋势。以颜泽贤为代表的学者编写了《复杂系统演化论》专著[67]，详细说明并分析了复杂系统的演化及其判据与标度，演化的一般条件、机制、过程和原理等重要内容，为研究综合电子信息系统演化理论提供了一般性的理论基础。

美国普渡大学 Cyrus 认为[68]，根据体系的自主性、独立性和演化性等特征，体系设计不能基于不变需求的设计过程，或不考虑系统、过程和利益相关者的动态交互和自主运行行为，而应该根据体系的特征采用一种灵活开放的设计方法，通过顺应成员系统的一些特性，如独立性、灵活性、竞争性和合作性，实现体系层面的能力最大化，并能够对体系整体的复杂性、涌现性和演化过程进行有效的管理和控制，达到一个稳定的平衡态。

美国普渡大学在体系优化与组合、体系评估与决策、体系博弈与竞争、体系建模与仿真方面具有较高水平[69]。

Hassan[70]提出了一种基于遗传算法的搜索方法来减少复杂、大尺度系统设计的计算时间，该方法可以评估不确定性能标准的统计特征，进而实现体系优化组合。

中国人民解放军国防大学（简称国防大学）对作战体系有深入的研究，其中胡晓峰通过分析体系性质对作战体系进行了分析研究[71-75]，他认为作战体系属于复杂系统，它涉及体系的结构和演化，也涉及对抗的过程和结果，传统方法很难解释其内在的规律性、根本性问题。同时认为，研究作战体系必须从研究其复杂性特性入手，必须反映出体系"整体、动态、对抗、涌现"的特点。胡晓峰认为，基于复杂网络方法，对有人参与的仿真演习数据进行挖掘分析，是体系分析的一条可行途径。

国防大学的金伟新对作战体系进行了定义[76-79]，构造了标准作战网络生成算法与扩展作战体系网络生成算法及符合真实网络普遍规律（如小世界、无尺度、高度聚集、幂律或指数分布）的作战体系复杂网络模型，并对复杂网络公共特征参数进行了扩展，构造了统计分析作战体系的特征量。他主要研究作战体系复杂网络的拓扑特性与模型，并没有讨论体系的其他特性，以及这些特性的演化特征。

国防大学温睿提出一种作战体系动态演化模型，参考复杂网络理论建立作战体系动态演化的拓扑结构模型[80]。考虑到作战体系的复杂性和动力学特征给出模型演化规则和演化步骤，并借助 MATLAB 平台做了仿真实验分析，给出不同条件和时间演化后的体系各项指标能力。

由于网络信息系统体系的规模庞大、体系组成交互复杂，如何对其进行整体性分析、如何反映其特性、如何预测体系演化，需要找到更合理的科学方法，让我们弄清网络信息系统体系的演化规律。对演化机制的研究需要探讨演化的影响因素，模拟演化过程，分析演化结果。在处理此类规模非常庞大、目标变化大、环境因素不确定性强的问题时，传统的系统工程方法缺乏有效的手段和方法。

1.2.4　体系演化建模仿真方法

当前，复杂系统建模仿真方法主要包括：①复杂网络仿真；②离散事件仿真，如 Agent 仿真、Petri 网仿真；③数学方程仿真，如 Markov、系统动力学、元胞自动机。这些方法也被体系工程研究者用于体系研究。

1. 复杂网络仿真

网络科学中的理论和方法一直受到指挥控制领域研究人员的广泛关注。网络科学在 C2 体系建模表征、体系功能性能分析、体系的构建运行等方面都有很多研究和应用的成果。2014 年 6 月，由 Grant、Janssen 和 Monsuur 出版的 *Network Topology in Command and Control*：*Organization，Operation and Evolution*，将网络科学和指挥控制两个不同的领域联系在一起，归纳总结了网络科学在 C2 网络拓扑构建、运行与演化中的应用[81]。

美国圣塔菲研究所（Sante Fe Institute，SFI）在 20 世纪 90 年代提出了复杂自适应系统，给系统科学界带来一类新的复杂系统，极大地促进了复杂性方面的研究[82-83]。美国的 David S. Albert 和英国的 James Moffat 重点研究了网络中心战理论中的复杂性问题，并提出了复杂性、认知和冲突的数学建模方法[84]；随着 20 世纪末复杂网络的发现及其理论的发展，无尺度网络（scale-free network）等一些典型的复杂网络成为研究的热点。1998 年 6 月，美国康奈尔大学理论和应用力学系的博士生 Watts 及其导师在 *Nature* 杂志上发表了题为 "Collective dynamics of 'small world' networks" 的文章，重点介绍了所发现的小世界网络[85]；1999 年 10 月，美国圣母大学物理系的 Barabási 及其博士生 Albert 在 *Science* 上发表了题为 "Emergence of scaling in random networks" 的文章，揭示了复杂网络的无尺度性质，建立了一个无尺度网络模型[86]。以这两篇文章的发表为标志，复杂网络研究进入了一个崭新的时代，随后出现了大量的相关研究[87-91]，Dorogovtesv 和 Mendes 从统计物理的角度综述了 2003 年之前的复杂网络的一些主要研究进展[92]。网络科学的发展为研究体系演化提供了重要的理论基础。

网络科学在 C2 体系建模和分析方面的主要成果包括：

（1）通过 C2 体系的网络模型来研究体系中 C2 的功能和效率。2013 年，瑞典国防大学的 Jensen 将 C2 体系中 C2 功能想象为一系列体系的必要且充分的功能[93]，提出了一种通过由地理上分布的实体构成的网络来体现 C2 功能的建模方法。这种方法也可以对北约定义的所有 C2 方法（包括冲突型、消除冲突型、协同型、协作型和边缘型）进行建模。在这种建模方法中，将 C2 功能初步划为数据收集、分析和规划，并研究在不同的 C2 方法中，这些 C2 功能是如何通过网络模型来表示的。2013 年，美国国防部的 Deller 研究了 C2 体系中实体间的 C2 效率与网络拓扑结构之间的关系[94]，在 Cares 信息时代作战模型的基础上，提出了一种新的分析 C2 体系指挥控制效率的测度指标——鲁棒的连通性，并使用一种基于 Agent 的仿真方法证明了该测度指标与以往的指挥控制效率度量指标——Perron-Frobenius 特征值同样重要。

（2）通过 C2 体系的网络模型来研究影响体系效能的因素。2014 年，荷兰的 Grant 发现要得到网络赋能 C2 的完全的好处[95]，必须将影响 C2 体系效能的多种因素共同发展，Grant 将这些因素分为五层，即地理层、物理层、信息层、认知层和社会组织层，并使用了一种形式化的逻辑本体将 C2 体系建模为一个分层网络，使用概念本体的形式详细描述了每一层中的关键实体，以及层内关键实体之间和层间关键实体之间的关系。最后，Grant 以美国 "9•11" 事件为案例背景，验证分析这种建模方法的可行性和有效性。

（3）通过 C2 体系的网络模型来研究体系中实体间的自同步行为。2012 年至今，澳大利亚的 Dekker 一直在研究 C2 体系中实体之间的自同步行为与体系的网络拓扑结构之间的关系[96]，Dekker 指出自同步行为需要体系具有丰富的网络连接，而丰富的网络连接可以通过平均度、平均路径长度和平均节点连通性来度量，并探讨这些测度和自同步速度之间的关系。

总地来说，使用网络模型对 C2 体系进行建模表征，并采用网络科学中相关的理论和方法对 C2 体系各种军事功能和性能进行分析研究，是当前 C2 体系研究的主要方向，尤其是 C2 体系正在向 "以网络为中心" 的方向发展，使用网络科学的方法对 C2 体系进行建模表征将成为未来体系建模仿真领域的趋势[97]。

国防大学胡晓峰针对作战体系提出了复杂网络和大数据方法的体系演化仿真方法[71]。他认为体系可以看成是各类功能网络的综合集成，是 "网络的网络"，是有组织网络所形成的网络群，其性质与复杂网络的性质非常相似。通过复杂网络对作战体系进行建模，利用大数据收集对作战体系模型进行分析，从而分析作战体系的作战网络结构演化及作战网络演化的复杂性。该类研究只对体系演化的某个演化要素进行了仿真，没有对网络信息系统体系演化行为的过程进行仿真。

2. 离散事件仿真

当前基于 Petri 网和各种扩展 Petri 网［如着色 Petri 网（color Petri net，CPN）、对象 Petri 网（object Petri net，OPN）等］的仿真方法被广泛应用于模型仿真。该类方法的基本思路是将系统模型转换为相应的 Petri 网模型，因此模型建模语言的选择和目标 Petri 网模型的类型都会影响仿真方法的应用。国外研究人员最早研究从 IDEF0 模型到 Petri 网的转换方法[98-99]。从 IDEF0 模型的形式化描述中构建 Petri 网的关联矩阵，然后根据该关联矩阵构建 Petri 网模型；或是采用基于图形的转换方法，构建活动模型中元素与 Petri 网元素的映射矩阵，直接将活动模型形式化为 Petri 网模型。Shapiro 等则扩展了 IDEF0 模型，直接在 IDEF0 模型中添加描述系统动态行为的 CPN 标志，再对 IDEF0 模型添加一些约束，构建了一种新的 IDEF/CPN 模型，然后再形式化为 CPN[100]。

美国乔治梅森大学 C3I 研究中心将面向对象技术和 Petri 网相结合，用面向离散事件的建模方法支持自底向上或由顶而下的建模，又增强了模型的可重用性[101]。

国防科学技术大学 C4ISR 技术重点实验室研制出了基于对象 Petri 网的建模与仿真环境 OPMS（object Petri modeling system）[102]。它为 C3I 系统的开发提供了一套面向对象的模型框架和建模方法，通过面向对象模型描述语言 OPDL 来建立对象 Petri 网模型。

美国系统工程研究中心 Systems Engineering Research Center 提出基于 Agent 行为模型的体系分析和建模方法。该方法基于 Agent 方法重点分析系统的行为对体系的影响[103-104]，以及以实现体系建设为目标的系统与体系之间的合作与协商机制。它通过模糊系统对体系和组成系统进行能力评估[105]。该方法侧重于体系与系统之间关系交流的动态语义描述[106]，缺乏关于体系演化静态语义的描述。

中国人民解放军海军装备研究院于 1999 年开始关注武器装备体系演化现象，对美军武器装备采办策略的变化进行了研究，形成了"面向体系演化研究的武器装备宏观论证"的思路[107]，即以武器装备体系建设计划方案的执行过程仿真为手段，分析武器装备体系结构在武器装备体系建设周期各个时间剖面上的变化，从整体上把握武器装备体系的过程。在此思路的基础上，2003 年开展了武器装备体系结构演化建模与仿真方法的研究，力图通过分析武器装备体系结构和体系状态的时变过程来研究体系的演化性[108]。在研究中提出了"体系结构演化仿真"的概念，即通过不断调整武器装备建设规划计划对其执行过程进行仿真，从进度安排的角度分析实现装备体系建设目标的可行性。采用 Monte Carlo 随机仿真方法对武器装备体系建设规划计划样本空间进行探索，通过多次迭代仿真进行方案的优化。

该研究从应用角度对武器装备体系的演化进行了初步的探索，明晰了影响武器装备体系演化过程的一些基本要素，提出了采用建模与仿真技术进行武器装备建设规划计划论证的总体思路。该项研究并未形成一套完整的方法论体系，而且没有涉及体系演化过程优化与能力评估等技术环节的设计。随着武器装备体系研究工作在全军范围的展开，全军各主要武器装备论证研究单位也都逐渐开始关注武器装备体系演化问题，包括中国人民解放军空军装备研究院和原总参陆航装备研究所在内的多家单位都已经将其列为一个新的研究方向。

3. 数学方程仿真

在信息系统动态学机制研究方面，美军已将系统动力学应用到军事领域，并将其作为关键技术，但系统演化论还未在军事领域得到应用。我军系统动力学和系统演化论在军事领域的研究基本还处于探索研究阶段。

信息系统动态学机制包含系统动力学和系统演化论两方面内容。系统动力学是 1956 年由美国麻省理工学院福雷斯特创立的，最初是为了解决工业企业管理问题而提出的系统仿真方法，是主要研究信息反馈系统的学科。1961 年出版的《工业动力学》是系统动力学理论与方法的经典论著[109]。1968 年福雷斯特又出版了《系统原理》[110]，重点讲述了在系统中产生动态行为的基本原理及系统结构和动态行为的概念，该书所论述的动力学原理广泛应用于系统分析、决策和预测中。随后，系统动力学的应用几乎遍及各个领域，深入各个系统。20 世纪 70～80 年代是系统动力学发展的成熟阶段，其标志性成果是系统动力学世界模型与美国国家模型的研究。自 1972 年起，麻省理工学院系统动力学小组为了解决美国经济方面的难题，先后在数十家企业公司、本国和外国的政府部门的财政资助下，对美国的社会经济问题采用系统动力学方法进行研究，建立了一个全国经济系统动力学模型，该模型方程数达 4000 个，解决了通货膨胀和失业等社会经济问题，从理论上描述了美国经济长波的产生和机制。同时，在项目管理领域也开始了系统动力学的应用并有了新的发展[111]。其中运用最成功的一个案例是 1980 年 K. G. Cooper 用系统动力学模型分析、量化了一个大型军事造船工程中成本超额的原因[112]，这也是系统动力学首次应用于大规模工程管理。20 世纪 90 年代至今，系统动力学在各个领域得到了广泛的应用，如系统动力学被用于各种产业，包括航天飞行器、锌工业、艾滋病研究及福利改革的各种问题[112]。同时，系统动力学一直在发展中，2010 年美国空军首席科学家办公室发布的"美空军科学技术展望（2010—2030）"报告中[113]，将系统动力学作为其关键技术。

早在 20 世纪 50 年代，钱学森就根据多年的经验积累编写了英文版《工程控制论》[114]，70 年代末，又修订增补并出版了中文版，把设计稳定与制导系统这类工程实践作为主要研究对象，阐明了控制论的基本理论和观点，包括系统分析

的基本方法、控制系统分析、线性控制系统参数设计、最优控制系统设计、随机
输入作用下的控制系统、自寻最优点的控制系统、自镇定和自适应系统与大系统
等内容，其中在对大系统的研究中，对大系统的主要特点进行了分析，并说明了
工程控制论的理论和方法在大系统中运用的可能性与有代表性的理论模型。这本
专著实际上开启了信息系统动态学在国内的理论研究之门。

童志鹏是综合电子信息系统概念的提出者，长期从事我军综合电子信息系统
研究，出版了《综合电子信息系统——信息化战争中的中流砥柱》专著[115]，包括
综合电子信息系统的基本概念、综合集成技术、信息安全和保密技术、综合电子
信息系统测试和评估，以及指挥自动化系统、预警探测系统、指控控制系统、情
报侦察系统、军事通信系统等功能系统，对综合电子信息系统的工程实践进行了
丰富翔实的总结和分析，对于指导综合电子信息系统动力学的研究具有现实意义。

20 世纪 90 年代，王其藩编写出版了《系统动力学》专著[116]。经过多年发展，
系统动力学在区域和城市规划、企业管理、产业规划、科技管理、生态环保、海
洋经济和国家发展等应用研究领域得到了重要应用，为研究综合电子信息系统动
力学理论提供了一般性的理论基础。

目前体系动力学研究还处于起步阶段，可以借鉴系统动力学的相关理论和研
究实践。

1.2.5　体系演化度量方法分析

体系演化度量是指对体系演化发展过程中的每个时期给出体系在一定背景下
的效能评价结果。目前体系效能度量的方法很多，基本可以分为两类：

（1）基于解析模型的体系评估方法。该类方法中比较有代表性的有统计分析
法、指数法、基于系统效能的分析方法 ADC、兰彻斯特方程作战模型、专家打分
法等。统计分析法的基本思想是利用数理统计方法，利用大量资料和统计数据来
评估武器装备的效能指标[117-118]，其优点是具有解析的形式，缺点是解析计算过程
中的实验数据需要从实战、演习、实验中获得支持。因此，统计分析法不适合面向
体系演化的体系能力评估。指数法通过对能力进行量化实现体系评估，其优点在于
其描述对象的内涵简明易懂，缺点在于指数的计算依赖于历史经验数据[42, 119-120]。对
于体系演化过程中新加入的系统来说，指数没办法直接确定，只能参考同类型的
现有系统的指数值进行估计。因此在体系效能评估方面，指数法存在较大的局限
性，尤其是新军事变革下，作战模式由"平台中心战"向"网络中心战"转变，
使得体系构建中系统类型多样，功能差异进一步加大[121]，而系统的共同属性越少，
指数法计算结果的合理性越差，在这种情况下指数法的局限性就更加突出。ADC
方法将系统的可用度、可信度及能力三个因素作为效能指标，其优点是计算简单

快捷，缺点是该方法不适用于体系演化效能的度量，因为该方法从系统的性能参数出发研究体系的作战效能，没有考虑到体系与系统之间的交互与动态变化。兰彻斯特方程通过建立微分方程计算得出效能评估结果[122]，其优点是可以量化体系演化过程的各个因素，使用确定性的解析方程描述约束条件，但是该方法假设的是理想情况，而体系演化具有复杂性，用解析方程难以反映出随机因素和模糊因素的影响。专家打分法主要包括层次分析法（analytic hierarchy process，AHP）、Delphi 法、灰色评估法及模糊评估法等方法。AHP 是由美国著名管理决策与运筹学家 Thomas L. Saaty 在 1980 年建立的，是将专家的知识经验、逻辑分析和科学的数理运算相结合的一种决策分析方法，它通过定性的分析与比较，得到量化的分析结果，其优点是灵活、简洁，在系统评估领域得到了广泛的关注和应用[123-124]。

（2）基于仿真的体系评估方法。基于仿真的体系评估，其基本思路是以体系建模仿真为基础，通过仿真结果来评估体系效能[125]。该类方法的缺点是仿真模型的构建十分复杂，仿真模型的可信度不好确定，尤其是体系的构建一般具有复杂性，通过仿真模型进行清晰的描述不太现实。关于体系仿真系统的开发方法，美军研究起步较早，构建的评估装备体系效能的作战模拟仿真系统有联合模拟系统、联合作战系统、海军模拟系统及战区级战役模型[42]。目前我军的相关研究有国防大学胡晓峰团队的作战体系仿真系统[126]。

1.2.6　体系结构设计与优化方法

目前体系结构优化方法有多方案优选法、数学规划法、仿真优化法、探索性分析（exploratory analysis，EA）法。多方案优选法的基本思想是通过使用仿真建模、解析建模和专家评价等多种方法实现多方案比较和排序[41]。由于基于演化的体系结构设计优选方案众多，且处于不断变化中，工作量会很大，效率不高。数学规划法建立成员系统的性能指标和费用及效能评价指标之间的数学模型，根据数学模型进行优化求解，寻找最优的体系方案[127-128]。数学规划法可以处理大规模的体系优化问题且求解迅速。体系的演化性使得体系无法提供明确的边界条件，因此无法建立闭合的体系目标函数及约束条件。同时数学规划法是一种静态的体系优化方法，不能动态描述体系与成员系统之间的交互，不能反映体系的演化特性。仿真优化法是把体系模型作为一个"黑盒"，无须建立闭合的数学规划优化模型，而是将事先设计的实验进行反复"黑盒"测验，通过实验得到的体系输出信息引导体系方案的最优收敛[42]。但是，进行体系优化时需要得到一个解区间，这是体系优化无法实现的，因为体系的参数是不确定的，会受到内外因的影响，从而在不确定条件下体系信息不能从仿真优化法途径获得。EA 法可以求解大型复杂的不确定性问题，是顶层指导管理模型和仿真系统的新方法。EA 法对体系、系统的要素和参数进行分析，确定目标函数和约束条件[42]。EA 法通过研究输入参数的不确定性来解决模型结构的不确定性问题，借以改进模型结构，EA 法优选出较少的输入方案进行仿真，从而减少仿真系统的工作量，并且通过对仿真结果的数据分析，寻找体系的环境、约束条件、效能指标等各个变量之间的相互关联关系，实现演化的体系结构设计与优化。

第2章　网络信息体系演化分析框架

2.1　引　　言

前美军参谋长联席会议主席 W. Owens 把未来的网络中心战思想归为体系思想[129]，认为实现网络中心战的关键就是整合美军在 ISR（intelligence，surveillance and reconnaissance）系统、C4（command，control，communication，computers）系统和 PGM（procision-guided munition）三个领域的技术优势，构建一个体系，提供传感器到武器投射平台灵活的、无缝的链接。信息时代的军事变革本质上就是体系的形成，这种体系的主要部分是 ISR 系统、C4 系统、系统集成技术及能够充分利用内在潜力的条令条例、战略战术军事组织，是支持未来信息化联合作战、提供战场环境中信息优势的手段。这就要求网络信息体系研制建设的核心思想是通过体系的建设，能够在复杂的使命任务要求、不确定环境因素作用和体系发展变化等动态条件下，保证我军能够取得充分的信息优势，以支持进一步取得决策优势和作战优势。

通过 1.1 节分析可知，网络信息体系的建设是渐进式开发模式，是一个动态、渐近、分阶段完善的过程。目前大多是从系统工程的角度出发，各自发展各自的系统，并没有从体系层面看体系发展的特征。本章归纳总结出一套体系演化分析框架：一是明确网络信息体系演化分析的核心概念，包括网络信息体系的概念及特征、网络信息体系演化的概念及特征、网络信息体系能力的概念；二是在这些复杂的对象和对象关系中抽取网络信息体系主要演化要素、要素特征属性和要素之间的关系、影响体系演化的内外因素及制约体系发展的约束要素，给出网络信息体系演化机理分析；三是探讨网络信息体系演化分析方法。

2.2　网络信息体系及演化概念和特征

2.2.1　网络信息体系的概念及特征

在众多的研究领域，体系都有其各自的经典概念和定义。但目前尚没有关于"网络信息体系"公认的定义，与其相类似的概念主要就是"系统之系统"。

1. **体系的定义及类型**

根据第 1 章相关研究的论述，不同领域的学者和组织从他们各自的领域和角度提出了"体系"的定义，本书给出的体系的定义如下。

定义 2.1　体系是独立的、有用的系统为提供单一系统所不具备的能力而形成的系统的集合或系统组合。

美国的《国防部采购指南》把体系划分为虚拟体系、自愿协作体系、分散控制体系（公认的体系）和集中控制体系四种类型（表 2-1）[130-131]。

表 2-1　体系类型描述

体系类型	描述说明	案例
虚拟体系	体系的成员系统之间没有明确的协作关系,没有集中管理权威和共同的目标,个别成员系统不知道其他成员系统的存在[53]。体系的特征体现为涌现行为,涌现行为可能是期望的,也可能是非期望的。体系的运行依靠一种隐形的机制来维持	虚拟组织、网络组织、虚拟企业
自愿协作体系	没有任何自上而下的目标、管理、权限或资助,单个系统自愿合作以支持体系的共同目标	互联网
分散控制体系（公认的体系）	这种类型的体系有自身的目标、管理、资金和权威,体系的组成系统保留自己的管理、资金和权力,与体系的发展并行[132]	联合火力打击体系、联合侦察体系、联合指挥与控制体系
集中控制体系	为实现具体的目标而集成、集中管理的体系,组成系统作为体系的一部分以一种集中的协调的方式进行控制,以期对组成系统产生最大影响	未来作战系统[133-135]

定义 2.2　成员系统（system）是组成体系的系统，包括系统和接口，具有地域分布广、自我发展独立等特点。成员系统之间的关系是演化发展的，体系的涌现源于成员系统共同完成的功能的提升或新增。

2. **体系的特征**

体系的特征包含了体系层面和系统层面两部分的特征，从体系层面看体系具有演化性和涌现性两个主要特征，从系统层面看系统具有独立性和交互性两个主要特征。两个层面的特征都受动态环境的影响[136]，从体系内部看，系统的独立性和交互性造成了体系的演化性和涌现性。

3. **网络信息体系的定义**

随着美国国家军事战略从"基于威胁"向"基于能力"转型，美军开始针对网络信息系统体系集成建设探索新的思路和方法。网络中心战（network centric warfare，NCW）理念使得网络信息系统形态沿着单一功能"系统"—"系统簇"—一体化"体系"这一形态路线演进，其集成及运行模式从"平台中心化"向"网络中心化"转变。美军网络信息系统在规模、结构及运行机制方面的显著变化，引发了其研制理念从传统"系统工程"向"体系工程"的发展，与之相适应的体系设计、开发、实验、测评技术也越来越多地被关注、研究和实践，其核心就是"集成"。目前常见的军用体系包括海军水面舰艇火力支援体系［如侦察、定位、武器系统和C4I（command，control，communication，computers and intelligence）］、战区弹道防御体系（如监视、跟踪、拦截系统和C4I）等[137-138]。

本书给出的网络信息体系的定义如下。

定义 2.3 网络信息体系（network information system of systems）以栅格化的物理网络为基础，按照网络中心化理念及信息流程，对军事委员会、战区联合作战指挥中心及各军兵种的各类传感器、指挥系统、武器系统、保障资源等分布在广泛地域、独立运作的作战要素，超越建制进行逻辑组网，融合资源实现功能叠加，形成网络中心化的信息处理与作战应用体系，集合而成的体系能力远远大于各成员系统功能之和。本书中，如无特别说明，体系即网络信息体系。

网络信息体系在逻辑上分为感知网、决策网、保障网、火力网和基础网五种网络形态，这五种逻辑网络共同构建了网络中心化条件下网络信息体系的运行环境。这五种网络形态不是相互独立、单独运行的，而是在地理位置上分散、交织存在的，功能相对独立，彼此存在信息的相互连接、相互反馈。具体的运作模式如下。

感知网通过传感器节点为保障网、决策网、火力网提供战场态势信息，是取得信息优势的基础。

基础网在五大网络形态中是唯一真实存在的物理基础设施环境，也是网络信息体系的连接基础，保证其他网络内部及相互之间联为整体，在网络信息体系环境中，其他的网络形态都是针对特定的作战任务而动态组合形成的，是虚拟网。

保障网在感知网、基础网、决策网的基础上，获得战场环境中作战系统的状态属性（主要为作战系统的物资消耗情况），及时、准确地为火力网中的武器平台提供相关物资，保持作战系统的作战能力。

决策网是整个运行环境的神经中枢，实施对感知网、保障网、火力网的统一指挥和调度，保证战场环境中作战任务的有序进行，实现的是决策优势。

火力网是作战的最终行动，其他网络形态的最终目的都是为火力网服务，实现的是行动优势。

它们的相互关系如图 2-1 所示。

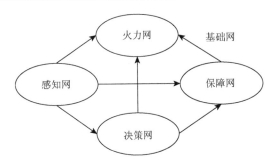

图 2-1　逻辑网关系图

4. 网络信息体系的特征

网络信息体系作为武器装备体系的"黏合剂"和"倍增器"[115]，是在综合集成技术支持下将各类军事电子信息系统构建为一体的复杂巨系统。与一般武器装备系统相比，网络信息体系在建设目的与总体特征、作战使命与发展要求、总体结构与系统组成、整体作用与作战能力等方面都具有独自的特点和发展规律。为实现全军一体化联合作战体系能力，网络信息系统建设具有典型的"体系工程"特征，按照一体化思路以网络为中心，将探测装备、指挥系统、信息化武器等各类作战资源联为一体，以信息为主导，进行相互融合、全网共享，解决全网资源的优化调度、自主协同与能力聚合，实现资源共享和增值服务，形成能力最大化。从系统科学的角度看，网络信息体系是典型的"开放复杂巨系统"，与传统的武器装备系统相比，它具有体系工程特征。

综上所述，网络信息体系具备以下特征：

（1）多样性，网络信息体系成员系统地域分布广，通过数据链路、通信网络、指控网络等进行连接。

（2）独立性，网络信息体系整体并不一定存在统一的控制，体系的组成部分能够独立运行、管理和控制。

（3）涌现性，网络信息体系的能力不是各个组成系统功能的简单叠加，体系整体涌现出的能力是单个成员系统不具备的。

（4）复杂性，网络信息体系开发涉及的是没有明确边界的开发系统，与应用环境不可分割，在开发过程中不断与环境发生交互，造成体系构建的复杂特性。

（5）演化性，体系开发的过程是不断集成已有和新研系统的过程，网络信息体系与传统的武器装备研制的线性发展模式不同，不是遵循"提出概念方案、完成系统研制、生产部署系统"这一模式，而是体系研制过程需经过不断反复迭代，才能确定体系构架的成员及实现体系最优性能。从时间维度看，整个网络信息体系处在不断的演化过程中。

5. 网络信息体系与网络信息系统的区别

体系也可以看作是一类系统[20]，因此和系统类似，也有元素、关系及属性。但是，相对于网络信息系统而言，网络信息体系还是具有一些本质不同的特性。下面给出网络信息体系与网络信息系统的特性比较，如表2-2所示。

表2-2　网络信息体系与网络信息系统的特性比较

系统属性	网络信息系统	网络信息体系
举例	兵种指挥信息系统	一体化联合作战体系
系统的性质	人工可控	人工不可控（自主可控性、敏捷性、智能性）
系统元素数目	种类多、类型杂	类型归一、数量巨大
元素间的关系	技术集成性强	智能动态组合性强
元素间的属性	需要预先确定	不需要预先确定
元素间的交互	接口标准复杂、紧耦合	接口标准规范、松耦合
地域	固定分布	逻辑分布
行为	按预定规则	具有概率性
演化	不发生演化	随时间发生演化
成员系统性质	完全受控，没有自己独立的发展权限	有自己的发展目标，具有独立的发展权力
与环境交互	交互性弱	交互性强

体系与系统的区别不在于大小与多少，有时大的系统部件和关系非常多。例如，航空/航天领域的系统都比较大，而且也很复杂。网络信息系统有时也很大，如全军一体化指挥平台。但这些都不是体系，体系是跨多个系统（这里的系统可以是自动化系统，也可以是人工系统）的，按照一定条令条例或规则、约定将这些系统集成在一起的，是可以完成任何一个成员系统都无法独立完成特定使命任务的人机复合系统。体系研究不是研究其成员系统（尽管它们也可能非常复杂），而是研究如何将这些成员系统有机结合在一起，完成成员系统无法完成的工作。

体系的示例包括联合作战体系、武器装备体系、战略预警体系、社会保险体系、环境治理体系等，其中有系统、有装备，也有人工系统（组织），更有将这些系统结合在一起的规程、约定等管理条例，而条例制定的不恰当将使体系无法正常工作。因此，体系的演化往往也伴随着管理体制的改革。还有，体系的演化发展应尽可能不破坏/改变其成员系统的原有发展目标和方式，或者尽量减少对成员系统的影响。

2.2.2 网络信息体系演化的概念与定义

演化性是体系的一个重要特性，也是研究的一个重点。系统科学将体系演化定义为体系的结构、特性、行为和功能随着时间的推移而发生的变化[139]，本书给出网络信息体系演化的定义。

定义 2.4 网络信息体系演化是指网络信息体系通过自身不断的反复工程迭代逐步实现的以"形成体系对抗优势"为目标，受外界环境的影响，受作战需求变化、资金、信息技术的约束，网络信息体系结构、状态、行为、功能、性能的变化，以及由此涌现出来的体系能力的相关特性的变化，这种变化是体系对抗需求、信息技术、需求变革等多种因素影响的结果。

网络信息体系演化包括两个方面的含义：一方面为主动的演化，由于网络信息体系军事需求、构建目标、实施对象的变化，体系结构必然经历一个制定、修改、调整并付诸实施的过程；另一方面为被动的演化，由于科学技术的发展，各类新兴军事系统和武器装备出现，在原有体系结构的基础上调整或加入各类新元素，或改变原有体系的结构关系，从而大大提升整个体系对于作战需求的满足程度。在实际的体系演化过程中，这两类演化通常是交织在一起共同起作用的。

2.2.3 网络信息体系演化的特征

体系演化是体系具备的一个重要特征，体系的呈现模式会受内外因素的影响，具有不确定性，其存在模式和发展都会随着其功能、使命、环境等因素的变化而发生演化。需求牵引、技术推动是网络信息体系发展的主要推动力[115]。

网络信息体系演化划分为两种类型：

（1）一种是体系发展过程中里程碑式的更新（代际演化）。

（2）一种是体系建设过程中的不断改进（迭代演化）。

1. 国内外网络信息体系演化历史

首先，介绍美军和我军综合电子信息系统历史进程中的代际发展演化，从中了解网络信息体系演化发展的历史及特征。美军信息系统发展大致经历了主机加终端的点线模式、基于局域网的区域互联模式、基于广域网的跨领域综合集成模式三个阶段，现在正进入以信息栅格为中心全域一体化模式的第四个阶段[115]，如图 2-2 所示。美军从 20 世纪末开始，大力开展三军共用的 GIG 建设，按照网络中心的思想发展建设改进的全球指挥控制系统（global command and control system，GCCS）等通用功能系统，"陆战网、力量网、星座网"等军兵种信息系统，积极推进信息系统由第三个阶段向第四个阶段发展。

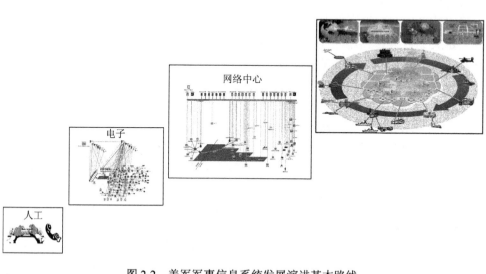

图 2-2　美军军事信息系统发展演进基本路线

　　我军信息系统发展也经历了单一功能系统建设、军兵种独立建设和跨军兵种集成建设三个阶段，近年来，在军事需求牵引和信息技术推动的共同作用下，正在进入向第四个阶段转型的发展时期[140]。目前我军信息系统以集中控制为基本模式，正在向分散控制改进，从而实现我军的联合作战模式。目前是几种体系模式的混合，在部分条件下可实现虚拟体系和分散控制体系。

　　纵观我军指挥信息系统的发展，基本以 10 年为一个阶段。第一代是 20 世纪 80 年代，实现了军事文档的电子化管理，但没有跨区域的共享，仅是孤立的系统完成，信息不共享，强调"网、库、所"建设，即局域网、数据库和指挥所建设。第二代是 90 年代，构建了军事训练网，即后来的"310"网的雏形，最终形成跨区域的指挥专用网。该网络通过文电来共享信息，但不支持态势共享，只能实现部分信息共享。第三代是 2000 年之后，联合作战概念的提出促使一体化平台的建设。与美军通用操作环境（common operating environment，COE）相类似，以联合作战为基本样式，以中间件技术为核心，实现跨军兵种、跨领域的信息共享，但技术相对落后，是组件化的技术，不能实现面向服务（service-oriented architecture，SOA）[141]，可以实现部分互操作。这一时期最大的问题是指挥体系制约了信息体系的发展。第四代是新一代指挥信息体系，以信息体系为抓手，基于网络化、服务化，面向特定任务的能力聚合和柔性重组，针对任务变化支持部队灵巧性、自同步。2000 年之后我军作战样式为模块化编成、编组，扁平的指挥体系取代传统的树状层次的指挥体系。但是由于我军前期指挥体制为烟囱发展模式，在指挥信息体系实际构建与调配过程中面临诸多困难，不能完全做到快速响应、协同作战和灵活重组，不能完全实现联合作战指挥，制约了指挥信息体系的发展。针对体制问题，目前我军全面实施改革强军战略，贯彻新形势下军事战略方针，着力解决制约我国军队和国防建设的体制性问题、政策性问题和结构性问题，实现对军队的领导掌控和高效指挥，并有机统一，形成军委管总、战区主战和军种主建的格局。具体措施有：将军委总部制调整为军委多部门制；增建陆军部，从而健全和完善军兵种管理体制；按照战略方向划分战区，构建战区联合作战指挥机构；进一步建设军委联合作战指挥机构；实现作战指挥体系为军委、战区、部队三级指挥体系，以及军委、军种和部队的三级领导管理体系。

图 2-3 反映了 2005～2020 年我军综合电子信息系统发展演进的基本路线，从中可见，结构、功能、性能、信息、形态、模式等变化贯穿了体系演化的全过程。综合电子信息系统是否是体系，这就要看研究问题的视角。如果仅仅将其当作网络信息系统，研究其技术特性，则它就不是一个体系，而是系统，但如果研究它的发展需求，则可以将其看作一个体系（一种信息化装备体系），这里不仅涉及该图中的技术特性，而且涉及不同时期的军事能力特性。跨组织、跨领域的联合作战需求，不仅要考虑技术发展规律，而且要研究组织结构、作战样式的变化。

然后，介绍另一种体系演化描述，它是体系建设过程中产生的迭代演化。在体系的建设过程及成员系统运行过程中，作战任务和功能要求的变化及构成体系的系统的行为，使得成员系统的组成和系统间结构发生变化，从而造成体系发生变化，根据作战需求体系持续不断地动态演化。演化体现在两个方面：①在微观方面，成员系统与体系的交互改变使得体系结构及状态发生变化；②在宏观方面，观测体系层面体系涌现能力。需要明确形成体系作战能力的基本要素，分析在整个演化过程中要素的变化对体系作战能力的影响。图 2-4 描述了体系宏观演化与微观演化的关系。

例如，综合电子信息系统所支持的作战使命和任务具有不确定性，随作战概念、作战任务及战场态势发生变化，需要信息系统根据作战需求发生改变，造成体系结构、功能、性能等多方面发生变化。以目前建设的各类网络信息体系情况来看，大都面临着建设过程中体系不断演化的问题，因此，第 3～5 章将重点讨论这一层面的体系演化问题。

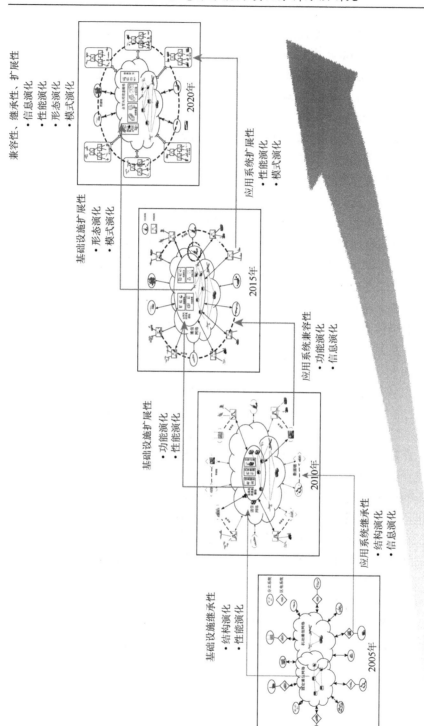

图 2-3 2005~2020 年我军综合电子信息系统发展演进基本路线

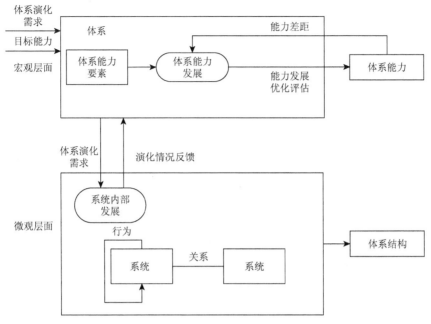

图 2-4　体系宏观演化与微观演化的关系

2. 网络信息体系演化的主要特征

网络信息体系除了具有体系演化的基本特征之外，还具有其特定领域的演化特征。

体系的形态不断向网络化演进，网络中心化已经成为信息时代我军转型的核心。随着网络信息体系不断向网络中心化演进，系统发展的指导思想、实验途径、能力建设都产生了变化。

从作战角度看，作战空间由陆、海、空、天、电向网络空间延伸。作战原则由"集中优势兵力"向"兵力组合、态势共享、时间集约、同步行动"等新原则转变，作战组织由原来的"以平台为中心"向"以网络为中心"转变，作战能力由原来的"火力为主导"向"信息为主导"转变。

从装备角度看，建设思路由"提升单平台作战能力"向"提升体系作战能力"转变，建设模式由"分散建设、综合集成"向"顶层设计、整体推进"转变，建设内容由"硬装备为主"向"软、硬装备并举"转变，建设要求向"自主可控、开放兼容"推进，使用模式由"按编制体制绑定使用"向"随遇接入、即插即用"转变。

从系统科学的角度看，网络信息体系是典型的开放复杂巨系统，传统的"系统工程式"方法已无法适应这类系统的发展，必然要求探索"体系工程"方法。由于网络信息体系具有动态与难以控制的整体性、涌现性、对抗性和多样性，想从中单独分离出体系问题的定义和需求是不现实的，需要解决成员系统集成的模糊性和不确定性。网络信息体系相关技术的分析过程受到环境和边界条件的约束，无法将体系构建发展与环境和其他制约因素人为地进行分隔，在体系设计时需要考虑影响系统定义、分析和决策的环境因素。网络信息体系设计与建设最终目标的实现都需要经过构建过程的迭代，甚至是经过反复迭代，而传统的体系结构建设根据体系目标要求，采用"提方案、研制、部署"这种固定的线性发展模式，并不能适用于体系的规划建设[142-143]。

外部环境的变化及成员系统之间的利益关系，使得体系的组成结构发生变化，从而使得体系能力发生改变。在体系演化过程中，为了能够了解随时间的变化体系能力发生了哪些变化，需要在体系结构与体系能力之间建立关联关系，并且知道哪些因素造成了体系结构的演化，从而导致体系能力发生了哪些变化。基于此，需要对网络信息体系建立体系演化模型，明确体系结构演化和能力演化的相关要素及要素之间的关系，确定造成体系演化的内部因素和外部因素、各种因素的变化对体系结构和能力的影响是什么。

体系演化造成的涌现行为是体系的一种固有特性[66]，是体系中各自独立的组成系统通过交互协作以实现新行为的新特征，是体系在整体上表现出的体系成员系统所不具备的一种特性，并且能力的产生与演化依赖于成员系统间各种相互作用关系的影响。对于大规模的复杂系统，存在较多的涌现行为与特性[144]。例如，在陆、海、空、天、电领域对某一区域目标的打击都已有有效的手段，然而在形成一体化联合作战体系后，并没有实现"1+1＞2"的效果。如果在体系构建之初就能够对体系集成所产生的能力进行有效辨识与判断，那么这种情况就会避免。

网络信息体系演化方式有结构演化、功能演化、形态演化、信息演化和能力演化。本书主要研究体系结构演化和体系能力演化，以及两者之间的关系。

2.2.4 网络信息体系能力的概念

体系的构建目的是完成使命任务，必然要求体系具备相应的"本领"，通过对这种体系可能完成使命任务的潜能的抽象和客观描述，来分析明确体系的构成及体系在一定时期内的发展方案。

"能力"一词经常出现在 DoDAF[54]和 MoDAF[145]等体系结构框架文件中，被用于描述某种用户要求或抽象层次较高的系统需求。但是，目前对于网络信息体系的能力、能力需求等概念还没有一个统一明确的定义。

术语"能力"（capability）是指完成一项特殊的任务、功能或者服务的本领[146]。

英军在其 MoDAF 相关文件中给出了能力的定义：

定义 2.5 能力是指在特定的执行标准和条件下，通过综合运用各种方法和手段进行一系列活动，从而实现预期效果的本领。

本书的能力特指军事能力或作战能力，而非装备能力，是执行军事行动特定过程所有相关要素的总体状态。它不仅包括装备，而且还包括条令条例、作战概念、人员素质、机构组织方式、训练水平、信息化水平、基础设施及后勤保障措施等。

美国的《联合能力集成与开发体系手册》和《参联会主席手册》中规定[147]，对能力进行定义需满足两个必备要求。

（1）能力必须是可评估的，并能够给出评估属性，这些属性可以给出具体的值，如时间、等级、比率等。

（2）给出的能力定义应该是详尽的、全面的，与其他能力是相互独立的。

综合 DoDAF 和 MoDAF 对能力的定义，本书给出网络信息体系能力的定义。

定义 2.6 网络信息体系能力指在给定条件下，网络信息体系具备的执行一组任务达到预期效果的本领。网络信息体系能力是整个体系固有的、静态的属性，它与成员系统的功能、数量、结构有关，而与作战过程无关。网络信息体系能力可能来自体系内单个系统提供的能力，也可以是系统间相互关联协同一起提供的能力。网络信息体系层面的能力，具有如下特点[148]：

（1）层次性，体系的构建本身具有层次性，其能力的形成是根据体系的层次关系聚合而成的，体系的能力构成具有层次结构。

（2）协作性，调整体系各能力之间相互作用与配合，能够实现多种目标。

（3）涌现性，系统之间的协作会产生新的能力，体系整体能力往往大于各部分之和，有时甚至是单个能力所不具备的。

（4）松耦合性，各能力独立存在，具有松散性。

（5）多目标性，使命任务的多目标性使得体系能力目标具有多样性，而非一种固定的目标。

（6）抽象性，能力是一种抽象定义，是对能力进行概括性的描述。

2.3 网络信息体系演化模型

2.3.1 体系演化要素

对于演化问题的研究，主要的演化问题要素包括实体、时间、环境、演化内因、约束条件等，要素的介绍如表 2-3 所示。

表 2-3　演化问题要素

要素	含义
实体	实体为演化的对象，可以是成员系统、成员系统接口，也可以是组成成员系统的组件
时间	演化时间周期、系统及体系随时间的推移发生演化，体系状态与时间有关
环境	体系所在的外部情况都称为环境，体系与体系内成员系统不断地与环境进行交互，环境构成演化的外在因素
演化内因	促使演化的体系内部因素如系统之间的交互协议的变化或者规则变化
约束条件	建设体系的约束，如资金、物资、设备、人力、条令条例、规章制度等因素影响体系的演化过程，使体系的能力达到一个上限值

实体作为演化对象，受到外在环境的影响而发生演化，演化的轨迹受到约束条件的影响，是演化过程中遵守的规则，实体在一个时间周期内完成一个阶段的演化。演化问题要素之间的关系如图 2-5 所示。

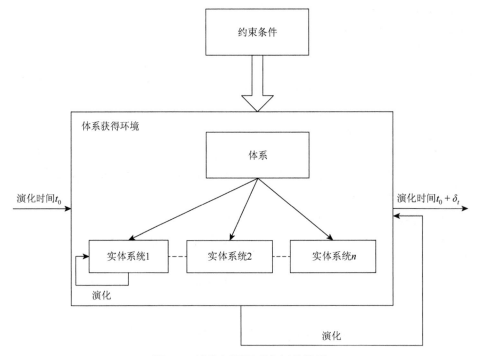

图 2-5　演化问题要素之间的关系

1. 实体

实体是体系演化的主要观测对象，它是体系状态的载体和状态变迁的行为主体。实体包括系统、系统接口，其连接关系构成了体系结构。系统及其连接关系的变化，导致体系结构发生变化，从而导致体系功能发生变化，体系能力随之也发生变化。系统间的连接关系构成了体系静态的框架结构，同时系统本身具有动态行为特性，系统间的关系包括合作、竞争、冲突等，系统与体系之间也具有动态关系，这是造成体系演化的因素之一，需要将系统的所有动态性描述纳入实体框架模型内部，对系统进一步细化。系统中的组件也可以看作实体，通过实体间的联系形成系统，实体间的连接关系构成了系统结构。通过对体系进行层次建模，了解网络信息体系中有哪些实体、实体所在的层次、不同层次的实体及实体间关系的变化对上层实体的影响，以及外部环境对不同层次实体的影响。

2. 时间

系统论对于演化的描述基于时间的流逝[148]。时间作为一个独立的流（flow），在体系演化过程中是一个重要的度量尺度，系统状态及系统行为随着时间流发生变化，产生一系列状态序列及行为序列。在体系演化过程中，用一个时间基线（time base）描述不同抽象层次的实体演化轨迹的线性时间关系。文献[149]将时间用集合 $(T,+,\leqslant)$ 表示，该集合定义了加法运算和比较运算两种操作。对于任意的 $t,t' \in T$ ，存在且仅存在 $t > t'$、$t < t'$ 或 $t = t'$ 三种关系。

3. 环境

环境是体系演化的外部动力，即外部环境的变化、环境与系统相互作用方式的变化都会在一定程度上引起系统的变化，影响体系演化的过程。外部的环境因素包括政策环境、采办策略、支撑环境。外因包括经济因素、政治因素（利益）、业务需求演化、技术条件变化。童志鹏主编的《综合电子信息系统》一书提到军事需求[115]、技术发展、系统演进规律是影响综合电子信息系统发展的主要动因，这三个要素的变化不断对系统发展提出新的要求，提供了源源不竭的发展动力。表 2-4 给出了网络信息体系所面临的主要环境因素。

表 2-4　演化环境

元素	含义
使命任务变化	使命任务的变化赋予新的体系能力
技术发展	核心技术革新使得系统性能提高，从而引起体系能力的变化
国家利益	国家意志决定军队建设发展方向
面对威胁	我国面临的安全威胁
未来战争特点	无人化、精确、高效、打击范围大、快速应对、柔性重组
军事需求	面对国家安全与利益拓展，战争对各要素的需求

军事需求的变化对体系的演化表现在军队现代化建设对网络信息体系发展的总

体要求不断提高，军队作战任务对网络信息体系发展提出了新目标。目前的作战式样以获取基于信息优势和空间优势的 NCW 优势为目的，指挥信息系统逐步转向以系统网络（network of systems）为主的发展轨道。在系统研制建设方面，体系按照基于能力转化的防务理论和网络中心化作战样式，实现旨在提高态势感知和指挥控制能力的信息优势能力，以获得网络中心化作战能力，建设一种面向未来的能提高联合作战和精确打击能力的互补、安全和开放的网络信息体系。注重建立综合性和能快速反应的情报、监视与侦察能力，宽带、安全可靠和互通的信息服务能力，综合图像和情报态势感知、显示和告警、协作规划、作战指令和情报任务的支援能力与自我协同能力、侦察识别打击一体化能力，以及信息防护攻击能力。

技术发展对体系演化的影响表现在体系发展环境发生了变化，使网络信息体系在体系结构、技术体制、研制方法、关注重点方面发生了改变。技术发展是体系演化的一个主要动因，技术变革大大促进了体系发展。信息技术的发展先后经历了单一主机、开放系统、分布集群、信息栅格四个阶段，信息技术环境革新不断为网络信息体系的发展提供了新的技术基础条件，促进了信息系统的创新发展。NCW、网络中心行动（network centric operations，NCO）是军事信息栅格（military information grid，MIG）发展的直接驱动力和牵引力，对网络信息体系的发展方向、重点、模式与策略都产生了重大影响。NCW 理论将地理上分散的部队有效地连接在一起，大幅度提高对作战空间态势的感知共享，使军事行动中的各级指挥机构能够实施更快、更有效的决策，并更快地予以执行，从而将信息优势转变为战斗力。为了实现 NCO，要求高性能信息栅格提供动态计算和通信，这对 MIG 能力提出了更高的要求。美国的 GIG 是 MIG 的典型代表。目前信息技术环境进入了以信息栅格技术为标志的发展阶段，有效地利用信息栅格建立 SOA 的网络中心化信息环境，成为网络信息体系发展的主流方向。在技术体制方面，逐步转向以支持异构系统集成的 SOA 技术体制为主线，建设 SOA 的一体化信息系统，全面采用云计算战略构建联合信息环境（joint information environment，JIE），建设开放式信息技术平台，提高网络信息体系资源按需共享、系统动态重组、网络协同支持、自动信息保障、智能辅助决策等能力。

4. 演化内因

一方面是成员系统的变化。成员系统是独立系统，自身功能的改变会造成接口的变化。另一方面，成员系统之间的合作、竞争、冲突等导致系统规模、关联关系的改变，进而引起体系结构和体系行为的改变。在 1991 年以前，美国军事信息系统是"烟囱式系统"，即各军种独立开发和建设各自的信息系统。随着海湾战争的爆发，美国军事部门发现了这种"烟囱式系统"的缺陷，主要表现在各军种的信息系统之间不能互联、互通、互操作，导致情报侦察信息不能及时获得，信息处理不及时，从而贻误战机。另外，"烟囱式系统"不能清晰识别敌我双方，会引起误伤。这些情况的出现，促使美军开始建设全军一体化的信息系统，从而展开新军事革命。美军"烟囱式系统"由于各部门利益驱动造成竞争、冲突，最终在国家统一的部署下实现合作。我军也面临着"烟囱式系统"的缺陷，因此国防科技界提出了综合电子信息系统体系的概念。通过分析，指出影响网络信息体系发展的内因主要包括作战需求、系统演化、系统行为、系统连接能力，如表 2-5 所示。

表 2-5　演化内因

元素	含义
作战需求	为了完成某种具体的作战行动而对武器装备、官兵素质、战术运用等提出的需求
系统演化	作为体系的组成部分，系统具有独立发展的权力，具有演化性，包括体系内成员系统的增加、删除、更新或是更迭
系统行为	与体系和其他系统之间的交互行为，是否与体系合作，是否具备合作的能力，系统之间的竞争、冲突、合作
系统连接能力	系统之间的连接能力（如通信网络的变化、接口变化、协议变化等）

5. 约束条件

在体系演化过程中，约束条件是指限制实体状态变化的一系列约束。在体系发展过程中需要消耗各类资源，但由于特定的环境给予体系的资源是有限的，这种约束条件都会影响到实体的行为和最终状态。表 2-6 给出了网络信息体系演化过程中主要的约束条件。

表 2-6　演化约束条件

元素	含义
预算约束	为实现体系某一能力分配的最大预算
技术体制约束	系统和系统功能实现的方式和手段
建设期限约束	实现体系某一能力的最终期限
军队管理约束	实际操作或程序限制
系统层性能极限约束	系统层所能实现的最大性能
系统连接数约束	系统接口限制

2.3.2　体系演化要素之间的关系

构建体系的目的是实现体系的预期能力。以网络信息体系为研究对象，指出该领域体系演化所涉及的相关要素，以体系能力演化、结构演化及系统演化等相关概念为主要元素，形成体系演化研究的核心元素及关系，为后续的研究建立一个概念框架。演化核心要素及关系如图 2-6 所示。

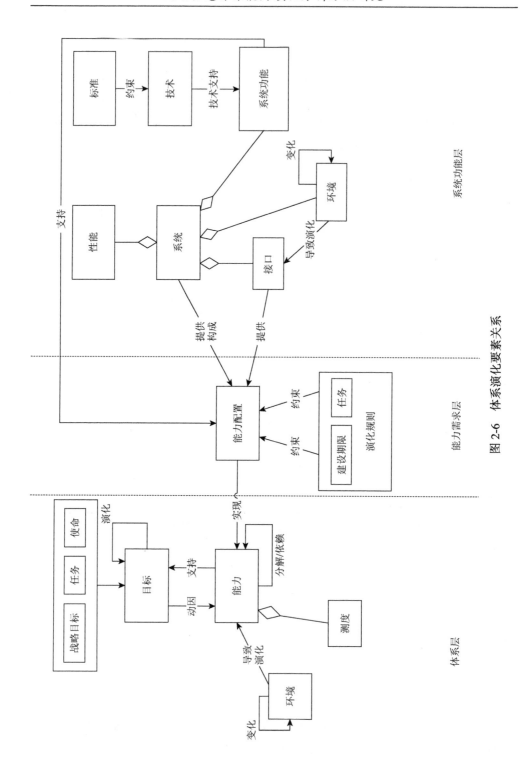

图 2-6 体系演化要素关系

在网络中心化网络信息体系演化分析中，体系能力是一个重要元素，特别是在面向任务的作战需求下，体系演化过程中的能力及演化终态的能力评估尤为重要。能力是为了完成某个目标而定义的，目标的实现是由系统的功能和性能决定的。体系的能力与体系内成员系统的功能及体系的结构密切相关。外部环境和成员系统自身的变化造成体系结构的不断演化，从而使得体系能力也处于不断演化的状态。因此，本书主要围绕目标、能力、系统、接口、结构五个重要元素来构建体系演化分析的要素，这五个元素涉及的要素如表 2-7 所示。

表 2-7 网络信息体系演化扩展要素概念

要素	含义
目标	描述网络信息体系构建的目标，需完成的使命任务，体系的业务构想、最终状态等
使命	描述业务的目标和结果，一个使命可分解为多个任务
任务	描述多个业务活动的执行结果，一个使命由任务集构成
系统	网络信息体系结构中包含的成员系统，执行作战任务的武器平台、信息系统或自动化设备类资源
系统功能	描述能力的用途，反映能力在实施时所表现出来的作用形态
接口	系统与系统之间的连接关系，描述体系的结构
能力配置	体现能力的系统组合
体系能力	体系具备的能力
结构	系统之间的连接关系
测度	对能力大小进行测量，对能力的发展阶段进行测量
技术	系统及功能的实现手段和实现方式
标准	针对实现系统功能的技术手段上的限制和约束
规则	对演化过程的约束，如建设期限、预算等
费用	实现某个能力所花费的人力、物力、财力
环境	体系和成员系统所处的环境是产生演化的动因，如威胁、国家意志等
内因	促使演化的体系内部因素，如系统之间的交互关系存在合作、竞争
时间	实现某个能力所需要的时间

网络中心化网络信息体系演化分析扩展元素之间的关系，主要以体系能力的聚合过程为目标来构建，主要反映了体系演化过程中元素之间的关系，构建的扩展元素关系如表 2-8 所示。

表 2-8　演化扩展要素关系

关系	定义
目标分解	体系目标进行细化分解，细化后目标间的关系
目标依赖	目标得以实现所需要的对其他目标的依赖关系
目标冲突	目标实现时相互之间的抑制作用关系
能力分解	能力可以进行分解，复杂能力由简单能力组合而成
能力依赖	某个能力的实现依赖于其他能力的实现
能力支持	目标的实现与能力之间的支撑关系，标志目标与哪些能力之间的支撑关系
实现	能力配置与目标间的实现关系及体系结构与目标间的实现关系
体现	体系的结构关系与能力之间的体现关系，哪些体系结构组合构成体系能力
提供	能力与能力配置之间的提供关系，描述能力的能力配置
制约	描述标准对技术的制约关系，说明实现技术的约束标准
技术支持	描述技术对系统功能的支持，说明实现系统功能的具体技术支持
通信	描述系统间通信连接关系，说明系统间的信息通信关系
决定	描述技术对性能的决定关系，说明系统的性能由哪些技术决定、受哪些技术制约
约束	描述系统和体系演化的约束关系，表明体系演化和系统演化过程中受到哪些规则的限制
促使	体系和系统获得的环境促使体系和系统演化

2.3.3　体系演化机理分析

体系结构决定了体系的功能，体系的功能决定了体系的能力。体系层所关注的是体系完成使命任务的能力，在体系演化过程中主要体现在体系结构的演化导致体系能力的演化。因此，本书重点从网络信息体系结构演化和网络信息体系能力演化两个角度描述网络信息体系演化机理。

网络信息体系的构建过程，受环境和内因的影响，其在不断的发展和改进，需要监测体系的能力发展轨迹，并预测最终体系能力是否能够完成使命任务，这需要进一步分析哪些要素影响体系能力演化及影响的程度，从而对影响要素进行调整，使得体系能力演化最终能完成作战任务。2.3.1 节归纳出网络信息体系演化要素为实体、时间、环境、演化内因和约束条件。每一个演化要素的变化对体系结构和体系能力都会有所影响。实体增加或减少，对应的系统功能及实体间的连接关系会有所变化，导致体系结构发生改变，从而直接影响体系层的能力变化。同时，实体之间的配合更协调，组成的体系耦合度会更高。体系所处的外部环境也影响到体系能力演化的轨迹[9]。图 2-7 给出网络信息体系演化机理分析模型。例如，使命任务决定体系能力需求和性能需求，依据现有的系统和技术构建需要的

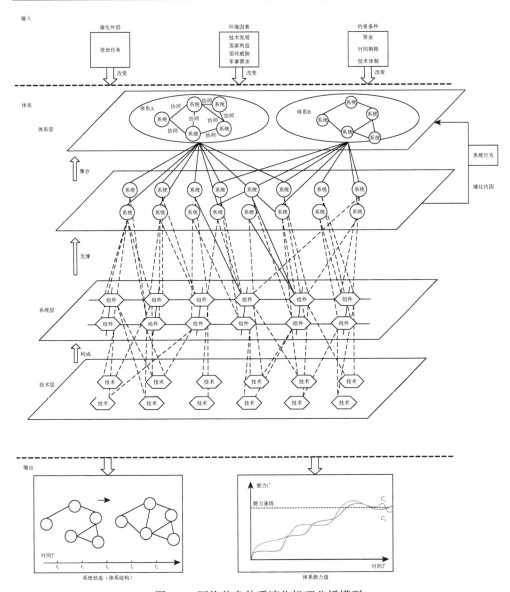

图 2-7　网络信息体系演化机理分析模型

体系。当作战任务发生变化时，构建的体系能力需求、性能需求也需要相应的调整，相应的体系中的成员系统及系统间的相互关系也发生改变，即体系结构发生改变。演化内因主要是系统的行为变化对体系层的影响。由于成员系统具有独立发展的权利，系统的发展对体系的能力是正影响还是负影响，需要分析系统行为改变对体系能力的影响程度。例如，系统可以看作体系内的一个节点，如果节点失效必然影响到体系结构，体系结构的变化会导致体系功能的变化，功能变化导致体系能力的变化。技术体制也是影响体系演化的一个重要内因，可以影响到成员系统的性能水平，从而影响体系的能力。军事需求决定了技术的研究方向，从而影响体系的设计功能和要素组成。例如，由于 GPS 生产方为美国，我国与美国不是同盟国，为了信息安全，我军禁用 GPS 精确定位，这促使我军大力发展对敌方的监视系统和无人化的侦察手段，目前我军的北斗二代已具备区域导航定位能力，定位精度直逼 GPS。

使命任务变化是体系演化的一个主要原因。一旦使命任务发生变化，体系的能力需求就会随之发生变化，就需要对构成体系的成员系统和组成结构进行调整。这会对实体的个数、属性及实体间的连接关系产生影响，如图 2-8 所示。

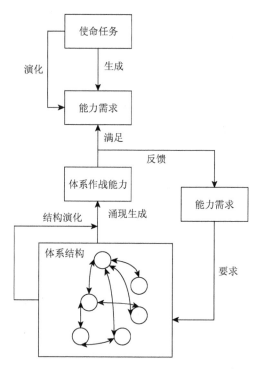

图 2-8　使命任务对网络信息体系演化影响分析

基于使命任务构建的网络信息体系的目的是具备完成使命任务的能力，因此体系能力的演化是体系构建关注的核心要素。本书认为，在成员系统连接过程中通过系统间的接口实现能力增量，是系统间协作共同完成的功能提升或新增能力，涌现出成员系统所不具备的一种新特性，即涌现的能力，而这种涌现能力存在预期能力和非预期能力。体系分析师需要从体系演化视角观测体系的能力变化，将成员系统的动态交互过程中涌现出的新能力描述出来，以预测体系能力的发展趋势。图 2-9 给出了体系作战能力从微观到宏观的涌现。

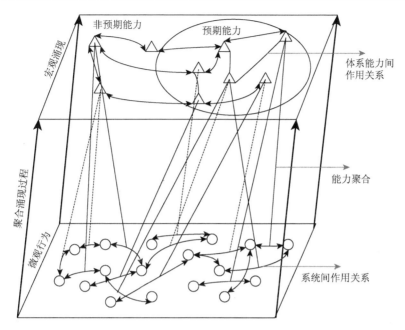

图 2-9　体系作战能力从微观到宏观的涌现

2.4　网络信息体系演化分析方法

本书重点讨论在体系演化过程中，引起体系结构发生变化的要素，以及体系结构变化与体系能力变化之间的关系。因此，体系演化要素重点关注与体系结构和体系能力相关的要素及要素间的关系。为了研究体系结构演化分析方法和体系能力演化分析方法，本书提出一个分析框架，主要由体系结构演化分析方法、体系能力演化分析方法和体系演化分析层次组成。

2.4.1　体系结构演化分析方法

网络信息体系结构演化是指体系结构随着时间及外部环境等因素的改变而发生的变化，主要关注成员系统组成部分的演化、内部关系的演化、局部与整体关系的演化。在网络信息体系运行过程中，任务和功能要求的变化，使得成员系统组成和结构发生变化，是一种动态演化。例如，网络化网络信息体系所支持的作战使命和任务具有不确定性，随着作战概念、作战任务及战场态势发生变化，体系必须以基本组成要素和结构为基础，动态构建满足作战需求的体系。体系结构演化是体系演化最基本的演化特征，其演化要素根据结构演化特定需求描述演化的要素、演化动因及演化约束等，元素与元素之间的关系侧重于体系结构演化过程关系。体系结构演化要素如表 2-9 所示。

表 2-9 体系结构演化要素

元素	定义
系统	体系层面的体系结构中包含的成员系统
系统功能	描述能力的用途，反映能力在实施时所表现出来的作用形态
系统数量	体系内成员系统数量
接口	体系结构中包含的接口
接口数量	体系内可能实现的接口数量
体系结构	体系包含的成员系统功能、接口及连接关系
系统结构	提供某项能力的系统体系结构

结构演化分析视图主要描述网络信息体系的成员系统构成、成员系统间的相互连接与关联关系、成员系统具备的功能、成员系统的状态和状态转换、成员系统构建过程中的技术标准、成员系统构成的变化、系统连接关系的变化等，其核心概念模型如图 2-10 所示。

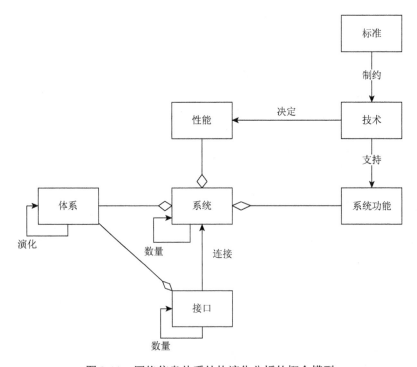

图 2-10 网络信息体系结构演化分析的概念模型

结构演化分析视图围绕网络信息体系结构进行建模，识别并抽象出网络信息体系中的各种系统概念，分析它们的基本构成和相互之间的通信关系，描述为了实现使命任务目标每个系统所具有的功能，建立系统功能与能力之间的关联，通过系统功能与接口的配置来展现体系的能力，分析在体系演化周期内成员系统的变化和接口的变化，系统的实现是以技术为基础的。

2.4.2　体系能力演化分析方法

网络中心战的理论家认为，和信息时代的传媒作用一样，网络化的指挥信息系统将极大地提升战场态势感知共享能力[150]。由此看来，系统的功能和体系结构决定了体系的能力，系统之间的连接关系决定了体系层的涌现能力。体系能力演化分析视图关注能力形成过程，对提供能力的成员系统能力配置进行描述，成员系统的演化及连接关系对体系能力的影响度，为了描述该过程，给出体系能力演化分析要素的基本含义，如表 2-10 所示。

表 2-10　体系能力演化分析要素定义

元素	定义
体系结构	体系包含的系统功能、接口及连接关系
体系能力	体系具备的各项能力
体系期望性能	达到某项能力期望的性能指标
体系性能	体系总体性能
系统权重	完成某项能力的任一系统权重值
系统性能	提供某项能力的任一系统性能水平
接口权重	完成某项能力的任一接口权重值
接口性能	提供某项能力的任一接口性能水平
环境	影响体系能力的外部因素
内因	影响体系能力的内部因素

体系能力演化分析概念模型如图 2-11 所示，描述实现网络信息体系能力演化分析的核心要素。

在对网络信息体系能力演化进行建模时，首先依据体系能力的定义对每个体系能力概念进行描述，然后建立能力与成员系统及能力与接口的映射关系，对提供能力配置进行描述。

体系能力演化是体系内部动力和外部动力共同作用的结果。一方面，构成体系的成员系统数量大，相互联系和相互作用的方式复杂，在资源有限的情况下存在相互合作、竞争。例如，当成员系统之间的合作出现问题时，在竞争的压力下成员系统之间的相互作用方式可能发生变化，从而引起体系的变化，进而引起体

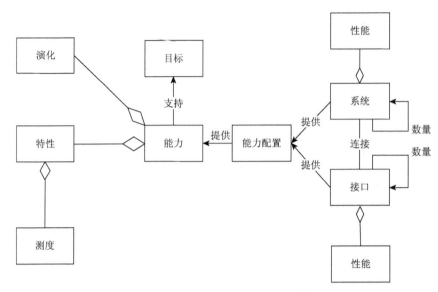

图 2-11　网络信息体系能力演化分析的概念模型

系演化轨迹的改变。另一方面，未来环境是不确定的，当环境发生变化时，必然要求体系适应变化，从而要求体系要做出相应的结构、行为变化。从体系演化的外因和内因入手，确定影响网络信息体系演化的重要元素及影响关系模型，从而为各个元素变化带来的影响提供理论分析手段。

体系能力演化分析机理如图 2-12 所示。在网络信息体系能力演化的某个迭代周期

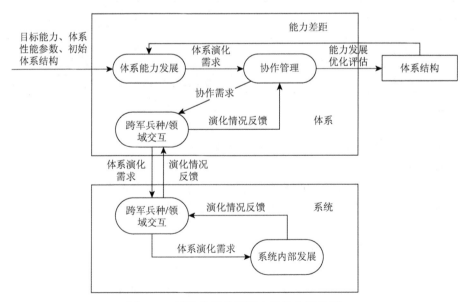

图 2-12　网络信息体系能力演化分析机理

内，"体系能力发展"活动以目标能力、体系性能参数、初始体系结构等为输入，提出体系演化需求；经"协作管理"分解为各军兵种、各领域的体系演化需求，由各军种或领域制定和实施能力发展规划，并反馈演化情况；由"协作管理"活动在新的体系结构基础上对能力发展状况进行评估，如果存在差距则重复进行以上活动。这里，将各军种或领域内的能力发展视为系统内部机制，而体系能力发展优化主要考虑跨军兵种、跨领域的整体能力提升。

2.4.3　体系演化分析层次

体系不是单个成员系统要素的简单叠加和互联，而是在以网络为中心能力的支撑下，围绕作战使命和任务需求，通过对信息资源和作战资源的充分共享和聚合，实现全军各军兵种一体化的联合作战能力。因此，针对体系演化的分析需要对分析的体系构成有全面的了解。网络信息体系以栅格化的物理网络为基础，按照网络中心化理念及信息流程，对各军兵种的各类传感器、指挥系统、武器系统、保障资源等作战要素进行逻辑组网，形成网络中心化的信息处理与作战应用体系。为突出联合作战能力，网络信息体系具备感知、决策、火力、保障等能力。为了构建这些能力，通过数据链将指挥系统、情报系统与主战武器平台有机地联结为一体，构成信息作战武器。由指挥控制、情报侦察、预警探测、通信导航、信息对抗、综合保障等功能系统构成信息功能系统层。公共信息基础设施包括综合集成网络、计算与存储平台、共性服务平台。网络信息体系结构由一个基础网和四个逻辑网及安全保密体系等构成，如图 2-13 所示。

1. 逻辑网

根据任务需求将作战要素进行逻辑组网，形成感知网、决策网、保障网和火力网。

感知网是将陆、海、空、天、电各类传感器和情报处理系统作为网上节点，构建的栅格化联合情报体系。其功能是根据作战任务对各类感知资源进行优化组织和共享运用，形成全域一致的空天战场、海战场、陆战场、网电空间联合情报态势。

决策网是以总部和军兵种指挥控制系统为网上节点，构建的一体化联合指挥体系。其功能是对各种作战力量进行组网运用，在战略、战役、战术各层级将三军融为一体，最大限度掌握我军作战空间的态势，对探测、指挥、火力等作战资源进行统一智能规划，形成面向任务的联合决策、联合控制、行动同步能力。

保障网是将全军和军兵种装备保障、后勤保障等装备作为网上节点，构建的一体化综合保障体系。围绕作战任务进行统一组织和优化调度，形成综合保障态势，实时监控和管理，实现对作战的高效体系保障能力。

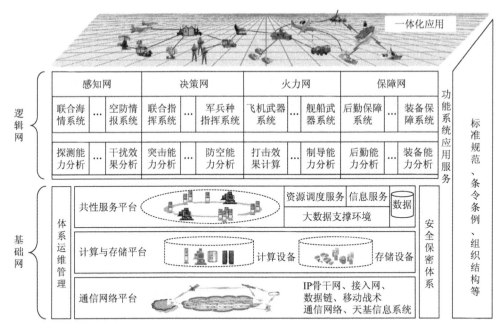

图 2-13 体系一体化的联合作战能力构成

火力网是将各类网络化武器系统作为网上节点，构建的联合火力交战体系。其功能是对武器系统的传感器、火控、发射/制导单元进行组网及铰链控制，形成联合火力规划及网络瞄准、复合跟踪、接力制导等多武器体系交战能力，实现基于规则的自组织联合火力打击。

2. 基础网

基础网包括通信网络平台、计算与存储平台和共性服务平台。其功能是进行公共基础数据和信息的处理，提供安全可信的信息按需汇聚和共享、云计算、大数据处理的体系运行支撑环境。基础网对感知网产生的大数据进行挖掘处理，并提供情报数据同步共享及体系抗毁能力，为决策网提供方案解算、协同制作及目标数据同步与共享等能力，为保障网提供计算存储、数据一致性同步等能力，为火力网提供协同交互、时空统一等能力。

通信网络平台：通信网络平台是网络信息体系运行的计算机通信网络环境，是连接战场环境中各种作战单元的基础设施。

计算与存储平台：提供计算设备和存储设备，建立核心数据中心，是实现信息服务的基础。

共性服务平台：在大数据支撑环境下为网络信息体系提供全局的公共信息支持，实现资源调度服务和信息服务。其中主要包括：态势感知高层本体的管理，支持作战系统间战场信息的共同理解；部队编制体系，为作战系统的人员组织提供名称和编码标准；武器装备体系，为作战系统的武器装备提供名称和编码标准；能力指标体系，为作战系统提供描述作战能力的规范。其他方面包括战场环境描述规范等。

基于基础网的资源聚合可实现系统能力的在线生成，根据作战任务对资源统一调度与分配，对系统构建进行规划，能够快速生成所需系统，并使之具有体系自愈抗毁生存能力。

3. 安全保密体系

在基础网各平台中构建安全保密体系，特别是对于作战来说，安全的重要性尤其突出，因此，把其独立出来加以强调。安全保密体系不但负责信息、运行环境的安全，同时为环境中的作战人员身份、作战系统的权限，以及作战单元与作战信息访问安全提供支持。

对于一个特定的体系，在研究其演化分析方法之前需要归纳出其主要组成结构。以国家战略预警体系构成为例，在纵向上将体系划分为体系层、系统层、装备组件层和关键技术层四个层次（图 2-14），用于探讨内外因素对体系演化的影响。

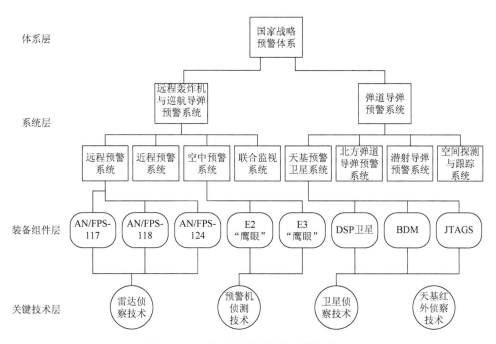

图 2-14 网络信息体系演化分析的层次

E2、E3 为型号；DSP 卫星为导弹预警卫星；BDM 为卫星定位模块；JTAGS 为联合战术级地面站

　　网络信息体系的演化过程依赖于信息技术的发展水平[115]，但该演化过程不可能一次完成从信息技术水平到体系整体作战能力的涌现，需要通过从最底层的关键技术（如雷达侦察技术、卫星侦察技术、天基红外侦察技术等）发展水平，到组件级分系统（如各种型号的远程预警雷达、预警机侦察系统、卫星侦察系统等）的功能/性能，再到网络信息系统和各种武器平台系统（如远程轰炸机与巡航导弹预警系统、弹道导弹预警系统等）的效能等一系列中间层次的属性整合而逐步涌现出来，并最终归结于信息系统体系中实体结构的合理配置及作战运用。演化过程中形成的每一个涌现等级代表了一个层次，每经过一次涌现形成一个新的层次。因此，多层次性是网络信息体系演化过程描述与研究的基本特征。

第 3 章　网络信息体系演化建模方法

3.1　引　　言

本章主要研究网络信息体系层次模型建模方法，描述从系统功能到体系结构再到体系能力之间的映射关系，分析网络信息体系能力聚合涌现的过程，给出网络信息体系演化模型形式化描述，给出网络信息体系结构染色体描述方法，为第 4 章和第 5 章的体系演化评估与仿真、建立概念和演化理论提供基础。本章以 Dahmann 和 Rebovich 提出的波模型为基础，开展体系能力演化研究，提出体系演化过程模型，抽象描述独立系统与体系的协商交互，分析独立系统的行为对体系能力和体系结构演化过程的影响，从而捕获体系演化过程中的涌现性能。

3.2　体系层次模型建模方法

在体系内部最为关注的是成员系统，它们之间的交互关系对体系的影响，以及成员系统的构建关系对体系能力的支撑。因此，对体系进行建模可以借助网络模型描述体系层次划分及不同层次上的体系交互关系。

3.2.1　体系层次分析

网络信息体系的能力源于战略使命及作战任务列表[42]。大多数系统设计师在设计系统时根据能力需求预先指派参与系统，并假设参与系统只有规定的行为，提供确定的能力。而实际体系建设过程中，每个单独系统大都是独立的，拥有自己的功能、发展过程、资金和使命任务，并且成员系统往往处于生命周期中的不同阶段[151]。

体系的发展具有演化性[12]，体系的建设受自身结构、生产、维修能力、经费预算等多种因素的制约，在建设过程中呈现出渐进式发展的特点，体系内成员系统存在从无到有的形成，从不完整到完整的进化，以及从有到无的退化等一系列现象，建成以后面临着由于技术更新及系统需要升级满足新版本的需求。

涌现行为是体系的一种固有的特性[12]，成员系统通过交互协作实现新的行为和特征，使体系在整体上表现出所有成员系统所不具备的一种特性。涌现性能是两个系统协作共同完成的功能提升或新增，即"1+1＞2"。对于大规模的复杂系统，存在较多的涌现行为与特性[140]。例如，在陆、海、空、天、电领域对某一区域目标的打击都已有各自有效的手段，然而在建成一体化联合作战体系后，并没有实现"1+1＞2"的效果[152]。如果在体系构建之初就能够对体系集成所产生的能力进行有效评估与预判，那么这种情况就会避免。因此，为了把成员系统在动态交互过程中涌现出的新能力描述出来，以预测体系能力的发展趋势，需要分析体系能力涌现的层次结构。

Jaroslaw Sobieszczanski-Sobieski 将系统分为两个层次[153]，即系统的组成部分和系统整体，也就是体系整体、体系的组成部分（系统和系统的组成部分），这是体系层次划分最直接也是最容易接受的方式。

D. DeLaurentis 将体系划分为四层[154]，同时将构成体系的成员系统划分为四类，如表 3-1 所示。D. DeLaurentis 分别用 α、β、γ 和 δ 标志体系层次，如表 3-2 所示。α 层实体（系统）是组件层，β 层是组织层，γ 层是系统层，δ 层是领域层。

表 3-1　成员系统分类

系统类型	描述
系统实体	在体系中显示物理存在的实体（系统）
意识系统	非物理的有意识的系统，在体系运行环境中给物理实体的运行以"生命"特征
应用系统	意图的实施，以指导体系物理和非物理实体（系统）的运行
政策系统	影响体系物理和非物理实体（系统）运行的外部因素

表 3-2　体系的层次

体系层次	描述
组件层（α 层）	体系最基础的实体（系统）层，α 层实体（系统）不能再分解
组织层（β 层）	α 层实体（系统）的集合，通过网络与交互连接集成
系统层（γ 层）	β 层实体（系统）的集合，通过网络与交互连接集成
领域层（δ 层）	γ 层实体（系统）的集合，通过网络与交互连接集成

在借鉴前人方法的基础上，以能力涌现为视角的体系层次划分，便于描述体系在不同层次上组成部分的运行动态与特征。基于能力涌现机制的体系层次描述的主要作用表现在以下几个方面[42]。

（1）建立体系在演化过程中某一时刻的状态、同一层次要素交互类型。

（2）随着体系组件的退出或加入，组件之间连接随时间而变化，描述体系的演化行为。

（3）描述体系从底层向高层聚合的过程，有利于分析体系能力构成的要素，以及要素变化对体系能力的影响。

（4）由于体系构成要素复杂多变，层次结构描述可以清晰地展现不同层次上组件的数量及其属性。

3.2.2　基于能力聚合的网络信息体系层次模型

体系通过涌现形成新的层次，演化过程中形成的主要涌现等级代表一个层次。图 3-1（a）描述通用的网络信息体系结构的层级和构成全部体系的成员系统的连接。每个层级由更低层次的要素构成。最低层的实体是典型的节点（系统），节点中包括基本的离散单元，节点通过网络与交互连接的集成决定领域能力层的构建。同样，体系能力层是领域系统层网络交互连接的集成。低层的能力聚合为上层提供能力支撑，而体系能力并非是成员系统能力的简单叠加，而是希望层级能力的涌现，即"1+1＞2"。

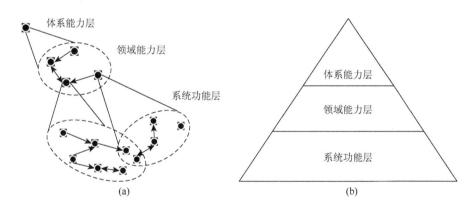

图 3-1　体系层次结构和能力聚合层次结构

以网络信息体系能力为视角，依据网络信息体系能力涌现过程将体系划分为三个层次，分别为系统功能层、领域能力层和体系能力层：①系统功能层，指系统所能提供的功能；②领域能力层，指通过划分网络信息能力域（包括通信能力、指挥控制能力、情报能力和火力打击能力），按照领域的逻辑关系和特征实现不同系统的功能集成，形成跨系统的具有领域特征的能力，为体系能力提供能力构建；③体系能力层，指根据使命任务需求和条令条例约束，集成各领域能力，形成满足特定使命任务要求的体系能力。通过有效集成现有系统，组合领域能力形成体系能力，如图 3-1（b）所示。

虽然低层的能力聚合为上层提供能力支撑，但体系能力并非是成员系统能力的简单叠加，而是希望良性的能力涌现。最底层是系统功能层，它是每个系统能够实现的功能，是为了实现需求系统所必须具备的功能集合，而系统需求决定采用什么样的技术手段、需要哪些成员系统。中间层是领域能力层，该层的需求决定成员系统之间的关系。最高层为体系能力层，是对完成使命任务更加抽象的描述。在体系能力层，根据任务需求要求收集可以提供这些能力的系统集，而每个系统性能都来源于系统功能的聚集。领域能力层是相对静态的体系能力需求，体系能力可以看作是涌现能力。领域能力层的演化导致体系涌现能力的不断变化。领域能力层演化的动因主要有：①体系能力需求变化；②技术革新。总地来说，低层为上层提供聚合的能力。图 3-2 给出网络信息体系能力获取抽象模型。

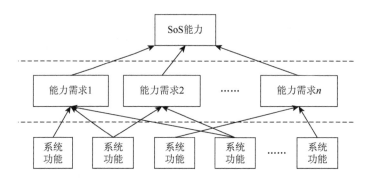

图 3-2　网络信息体系能力获取抽象模型

例如，为了完成使命任务"对敌方区域进行大面积侦察并消除敌方特定目标"，由五个系统构成一个网络信息体系：地球同步人造卫星、三个 UAV 和一个地面控制台。地球同步人造卫星监视敌方区域，UAV-1 是一个不携带武器的监视器，地球同步人造卫星与 UAV-1 实现目标识别。UAV-2 和 UAV-3 携带基础照相机，用于目标确认，并配备武器实现目标打击，地面控制台用于通信传输和指挥控制。地球同步人造卫星联合 UAV-1、UAV-2 和 UAV-3 的功能为网络信息体系提供三个主要能力，即区域监视、目标识别、目标打击，从而完成使命任务。UVA 与地球同步人造卫星连接构成系统网络，提供 SoS 层面的能力，使得网络信息体系不仅能提供大区域监视功能，而且能提供高清晰成像能力，是单一系统无法实现的。由此看来 SoS 的能力由系统提供的功能聚合而成。体系构建分析如表 3-3 所示。

表 3-3　体系构建分析

层级需求	含义
使命任务	对敌方区域进行大面积侦察并消除敌方特定目标
体系能力	区域监视、目标识别、目标打击
领域能力	通信、指挥控制、情报、火力打击
系统功能	地球同步人造卫星、UAV-1、UAV-2、UAV-3、地面控制台

图 3-3 进一步给出网络信息体系能力分解，指出每个成员系统提供的功能、成员系统对体系能力的支撑。通过层次的划分，成员系统发生损坏或者增加、减少，相应的功能会发生改变，从而可以清晰地分析出其对体系能力的影响。最终给出体系实例，如图 3-4 所示。

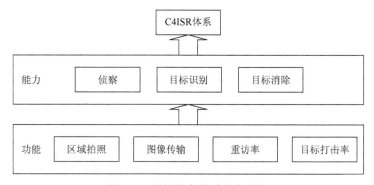

图 3-3　网络信息体系能力分解

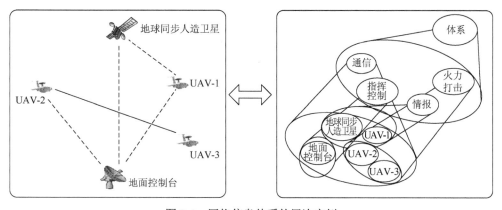

图 3-4　网络信息体系的层次实例

3.2.3　网络信息体系层次模型形式化定义

基于上述思想，提出一个网络信息体系层次模型（network information system

of systems level model，NISSLM）。以体系能力涌现为视角，屏蔽了低层技术的描述和实现，仅从系统能力到体系能力的聚合层面对网络信息体系进行建模。为了简化模型，将体系层演化要素简化为体系性能水平、体系层能力，约束条件为建设资金、建设期限，演化动因为使命任务的变化。

体系为了完成使命任务，根据专家经验给整个体系设定一个渴望的能力集合、性能水平、建设资金及构建体系的期限。下面分别形式化定义这些要素。

定义 3.1 体系领域模型。构成体系能力需求相关的单独系统集合为 $S=(S_1,S_2,\cdots,S_n)$，成员系统之间的实际连接接口 $I=[I_{ij}]$ 看成是系统之间的组合关系，两个集合构成体系的领域模型。

定义 3.2 网络信息体系能力集合中的元素。网络信息体系能力集合中的每一个元素，即某个能力采用五元组进行描述：

$$C_i=(C_{\mathrm{id}},C_{\mathrm{name}},C_{\mathrm{attributes}},C_{\mathrm{evolvement}},C_{\mathrm{systems}})。$$

其中，C_{id} 为编号，表示能力的唯一标志；C_{name} 为名称，标志能力名称的字符；$C_{\mathrm{attributes}}$ 为属性，表示能力在实施时表现出来的某些定量的属性值；$C_{\mathrm{evolvement}}$ 为演化，能力在不同阶段的标志；C_{systems} 为描述，描述能力最终交付给哪个系统实现。

定义 3.3 网络信息体系能力集合 $\mathrm{SoS}.C=(C_1,C_2,\cdots,C_n)$，为完成体系使命任务所必须具备的能力集合，即给定网络信息体系的能力集合。

定义 3.4 $\mathrm{SoS}.W=(w_1,w_2,\cdots,w_n)$ 表示每个能力的权重值的集合。根据每个能力完成使命任务的优先权不同，给每个能力赋权重值。每一个能力 C_i 设定一个权重 w_i，表示该能力在整个体系能力集合中的重要程度。

定义 3.5 $S=(S_1,S_2,\cdots,S_n)$ 表示构成体系的单独系统集合，有

$$S_i=\left\{s\big|(s_{\mathrm{id}},s_{\mathrm{name}},s_{\mathrm{p}},s_{\mathrm{w}})\right\}。$$

其中，s_{id} 为系统编号；s_{name} 为系统名称；s_{p} 为系统的关键性能参数；s_{w} 为系统提供能力的份额。

定义 3.6 $\mathrm{SoS}.P=(P_1,P_2,\cdots,P_n)$ 表示网络信息体系能力期望具备的性能参数。

定义 3.7 SoS 初始的需求矩阵 M_0，$M_0=[a_{ij}]$，其中 $[a_{i1}]=C_i$、$[a_{i2}]=P_i$、$[a_{i3}]=w_i$。

定义 3.8 体系结构 $\mathrm{SoS}.A_i$，成员系统间连接合作关系构成体系结构。$\mathrm{SoS}.A_i=[a_{ij}]_{n\times n}$，描述系统 S_i 和系统 S_j 之间的连接关系，$[a_{ij}]=1$ 表示系统 S_i 和系统 S_j 之间连接，$[a_{ij}]=0$ 表示系统 S_i 和系统 S_j 之间无连接。

定义 3.9 网络信息元体系结构空间 $\mathrm{SoS}.A$，表示实现体系能力的所有体系结构 $\mathrm{SoS}.A_i$ 的集合。

1. 体系能力与系统的关系

（1）给出能力与系统关系矩阵 M_{CS}。 $M_{CS}=[a_{ij}]_{n\times m}$ 表示系统是否提供某项能力。例如，$[a_{ij}]=1$ 表示系统 S_i 可以提供能力 C_j，$[a_{ij}]=0$ 表示系统 S_i 不可以提供能力 C_j，并约定系统集合中的任何一个系统至少能提供一项能力。

（2）设 g：$\rho(S)\times C\to\{0,1\}$ 表示系统或系统的组合是否提供某项能力，$\rho(S)$ 表示系统组合。例如，$g(S_1,C_1)=0$ 表示系统 S_1 不能提供能力 C_1，$g(\{S_1,S_2,S_3\},C_1)=1$ 表示系统 S_1、S_2、S_3 的组合能够提供能力 C_1，g 表示系统与能力之间的映射函数。

（3）整个体系能力的描述。$\forall S_i\in S$，$\forall C_i\in C$，令 $\mathrm{SoS}.C=\{C_i|g(S_i,C_i)=1,C_i\in C,S_i\in S\}$ 表示系统组合能够提供的能力，包含了系统能力之和，以及系统之间相互协作配合可能涌现出新的能力。

对于基于能力聚合的网络信息体系层次模型，首先给出能力与系统关系矩阵 M_{CS}。行代表体系的一项能力，列代表系统或系统的连接组合。如表 3-4 所示，如果系统或系统组合提供某个能力，则取值为 1；不能提供某个能力，取值为 0。初始的体系结构中取值是 1 还是 0 由体系结构建设分析人员决定。

表 3-4　能力与系统关系矩阵 M_{CS}

M_{CS}	S_1	S_2	S_3	$\cdots$	S_i	$\{S_1,S_2\}$	$\{S_1,S_2,S_3\}$	$\cdots$	$\{S_1,S_2,S_i\}$	S_A
C_1	1	0	1	$\cdots$	0	1	1	$\cdots$	0	$\{0,1\}$
C_2	0	0	1	$\cdots$	1	0	1	$\cdots$	1	$\{0,1\}$
C_3	0	0	0	$\cdots$	0	0	1	$\cdots$	1	$\{0,1\}$
$\vdots$	$\vdots$	$\vdots$	$\vdots$	$\vdots$	$\vdots$	$\vdots$	$\vdots$	$\vdots$	$\vdots$	$\vdots$
C_i	1	1	0	$\cdots$	0	1	0	$\cdots$	1	$\{0,1\}$

2. 系统与功能之间关系

系统与功能之间的关系矩阵 $M_{SF}=[a_{ij}]_{n\times m}$ 规定单独系统要具备的功能。例如，$[a_{ij}]=1$ 表示体系能力需求中需要系统 S_i 具备功能使得系统 S_i 有能力提供指派的体系能力 C_j，$[a_{ij}]=0$ 表示系统 S_i 没有能力提供指派的体系能力 C_j。

表 3-5 描述了为实现某个能力 C_1，系统功能与能力需求之间的映射关系。

表 3-5 系统提供功能映射

系统(S_i)	功能(F_i)			
	F_1	F_2	F_3	F_4
S_1	提供 100%	提供 100%	提供 100%	不提供
S_2	提供 30%（可升级）	提供 20%（可升级）	提供 30%（可升级）	不提供
S_3	提供 50%（可升级）	提供 50%（可升级）	提供 50%（可升级）	提供 100%（可升级）
S_4	提供 75%（可升级）	提供 50%（可升级）	提供 75%（可升级）	提供 100%（可升级）

通过体系能力到能力需求再到系统功能的层层映射，来描述系统功能与体系能力之间的关联关系。

3.3 体系演化模型建模方法

通过 3.2 节介绍可知网络信息体系结构的组成，如需要哪些系统和接口，实际上是体系建设者根据经验和理解给出的设计方案。在实际操作过程中，网络信息体系受链路关系、信息关系、指挥与协同关系等多种因素的相互作用会产生体系的拓扑结构演化。

在体系运行过程中描述体系的结构和结构的动态变化，通过网络把形式与功能、结构与行为关联起来，用以研究表示某种实际节点和链路集合的结构，以及研究汇聚节点和链路的动态行为特性。本书将一个系统作为一个节点，在此之上几个系统可能形成一个信息逻辑节点，根据问题分析的层面不同，节点代表不同的含义。本书通过复杂网络模型对网络信息体系演化模型进行建模，通过研究复杂网络的演化特性来研究网络信息体系的演化问题。

3.3.1 体系演化模型定义及假设

本节通过复杂网络理论将网络信息体系进行网络抽象，形成网络模型，再将该模型（邻接矩阵）进行演化分析。

1. 网络信息体系演化网络模型定义

定义 3.10 节点，体系结构网络模型中的各成员系统定义为体系演化模型中的节点，用 s_i 表示，其中 $i = 1, 2, \cdots, n$。同时，每个节点都有一个状态值，用以描述成员系统所具备的功能。

定义 3.11 边，成员系统之间如果存在相互协同或支援保障关系，则说它们之间存在一条边。所有的边构成网络中边集合 i_{ij}，其中 $i = 1,2,\cdots,n; j = 1,2,\cdots,n$。如果系统 S_i 与 S_j 之间有接口，则称为 S_i 与 S_j 之间有边。本书所描述的边均为无向边。

定义 3.12 边权值，用来描述节点 s_i 和节点 s_j 之间的关系对体系能力的贡献度，表示为 $W(i,j) \in (0,1)$。

2. 网络信息体系演化模型假设

假设 1 网络信息体系演化模型中节点之间的关系只有两种状态，连接时 $L=1$，不连接时 $L=0$（L 表示节点之间的关系）。

假设 2 为了简化模型，将演化约束条件设定为最终期限 d 和费用 f。

假设 3 在一个演化波时间周期 T 内，$\{No,L,f\}$（No 表示节点）中元素是不随时间变化的。若当前时刻为 t，那么一个节点 s_i 在 $t+1$ 时刻的状态是指，从 t 时刻开始，所有节点相互协同实现一个能力，到下一时间观察点时节点 s_i 的状态。

3.3.2 网络信息体系演化约束条件描述

第 2 章描述了体系演化的约束要素，本书根据约束要素的重要程度，将体系演化的约束简化为两个，分别是实现体系能力的时间周期 d 和建设费用 f。

定义 3.13 时间周期，$SoS.d_i = (d_1,d_2,\cdots,d_n)$，描述实现体系每个能力的时间。实现能力 $SoS.C_i$ 的时间周期为 $C_i.d_i$。而对于每个能力 $SoS.C_i$ 都由系统集合和接口集合实现，每个系统 S_i 和每个接口 I_i 都有自己的建设时间，分别为 $S_i.d_i$ 和 $I_i.d_i$。

定义 3.14 建设费用，$SoS.f_i = (f_1,f_2,\cdots,f_n)$，描述实现体系每个能力的费用。实现能力 $SoS.C_i$ 的建设费用为 $C_i.f_i$。每个能力 $SoS.C_i$ 都由系统集合和接口集合实现，每个系统 S_i 和每个接口 I_i 都有自己的建设费用，分别为 $S_i.f_i$ 和 $I_i.f_i$。

在体系构建过程中，体系设计者最为关心的是实现最少花费、最短建设周期和最大体系性能，设 SoS_{A_0} 是体系设计的初始需求，则

$$SoS_{A_0} = f[\max(ArchitectureScore.SoS.C_{g,n}), \min(SoS.d_i), \min(SoS.f_i)]。$$

在计划构建体系结构时，给出一个能力、时间周期和建设费用的需求基线 $SoS.R_i$，其函数表达式为

$$SoS.R_i = f(SoS_{A_0}, SoS.f_i, SoS.d_i)。$$

设 R 为构建体系总费用，D 为构建体系总的时间周期，Y 为体系最大性能水平，F 为成员系统构建成本。每个接口的实现都有其固定成本，设 h_{ij} 为系统 S_i 和系统 S_j 之间接口的构建费用。另外，提供体系能力 $SoS.C_i$ 的每个系统都有构建费用，设 c_{ij} 是从系统 S_j 得到需求能力的构建费用。每个系统有不同的建设周期和

性能水平。体系设计者根据能力需求选择系统,同时要考虑各个系统的建设周期、费用及性能水平等因素。设 FC 为所有系统构建总费用:

$$\text{FC}(R,D,Y,F) = \sum_{i \in I}\sum_{j \in J} c_{ij}r_{ij} + \sum_{i \in I}\sum_{j \in J} h_{ij}y_{ij} + \sum_{j \in J} F_j \text{。}$$

计算 FC 的等式中第一项表示成员系统构建能力需求总花费,第二项表示接口选择总花费,第三项表示分配给各个成员系统的花费。

对于每个能力 C_i 的实现,相关的每个成员系统构建都有个最终期限,也就是成员系统构建需要的最大时间期限为 $d_{ij}(S_j, F_j)$。体系结构构建时间周期为

$$\text{DC}(R,D,Y,F) = \max_{j \in J}\{\max_{i \in I}[d_{ij}(S_j, F_j)r_{ij}]\} \text{。}$$

体系结构的总体性能水平:

$$\text{TC}(R,D,Y,F) = \sum_{i \in I}\sum_{j \in J} P_{ij}(S_j, F_j)r_{ij} \text{。}$$

定义 3.15 约束,网络是有限变量集 $X = \{x_1, x_2, \cdots, x_k\}$ 和约束集 $\varphi = \{\varphi_1, \varphi_2, \cdots, \varphi_n\}$,按照一定的关系 $R' = \{x_i R_1' \varphi_j, x_i R_2' \varphi_j, \cdots, x_i R_m' \varphi_j\} (i \in [1,k], j \in [1,n])$ 相互连接构成的网络图结构 γ。γ 用一个四元组 $\gamma = <X, Y', \varphi, R'>$ 表示,其中,X 为 k 维有限变量集合,$Y' = \{Y_1', Y_2', \cdots, Y_k'\}$ 为变量集 X 的值域范围,φ 为 n 维约束表达式集合,R' 为变量与约束之间的关系。

3.3.3 网络信息元体系结构建立与选择

所有可能的体系结构组成元体系结构集合 SoS.A,集合中第一个元素代表一种体系结构,该体系结构 SoS.A_i 可以用二进制串 B_b 表示,$b_i = 1$ 表示系统参与体系建设,为体系提供能力,$b_i = 0$ 表示系统不参与体系建设,不为体系提供能力。二进制串中 m 位表示所有成员系统,$(m-2)$ 位表示系统与其他系统的接口。因此,二进制串 B_b 表示 m 个成员系统和可能的接口,总长度为

$$m(\text{系统}) + \frac{m(m-1)}{2}(\text{接口}) = \frac{m(m+1)}{2} \text{。}$$

为实现第 4 章对体系结构的进一步优化分析,该二进制串用染色体描述法进行表示。具体过程是,将构成网络信息体系初始能力的可能的体系结构 SoS.A 用基因组表示。一条染色体为一组基因码,基因码 S_i 表示一个系统,I_{ij} 表示系统 S_i 和系统 S_j 之间的接口。染色体中 S_i 为 "1" 表示系统 S_i 参与并支持体系能力建设,S_i 为 "0" 表示不参与体系能力建设。染色体中 I_{ij} 为 "1" 表示系统 S_i 与系统 S_j 之间有接口连接,I_{ij} 为 "0" 表示系统 S_i 与系统 S_j 之间没有接口连接。一条染色体描述了构成网络信息体系结构所有起作用的系统、接口及不起作用的系统、接口。每一

条染色体描述了一种可能的体系结构，所有构成体系能力的染色体组构成初始网络信息体系结构空间，如表 3-6 所示。

表 3-6　一个体系结构的染色体表示

成员系统					接口							
S_1	S_2	S_3	...	S_m	I_{12}	I_{13}	...	I_{1m}	I_{23}	...	I_{ij}	...	$I_{m-1,m}$

一个体系层的体系结构是一个系统与接口的关系集合，该集合可用 m 阶矩阵 M_{SI} 来展示，如表 3-7 所示，矩阵的对角线对应成员系统，矩阵的元素表示成员系统的交互关系，即接口。集合由体系建设决策人员确定，表 3-7 中元素取值为"0"还是"1"由决策人员的主观判断决定。一条染色体代表了一种体系结构 $\mathrm{SoS}.A_i = [a_{ij}]_{n \times n}$，如果成员系统 S_i 与 S_j 之间有接口，则 $[a_{ij}] = 1$；如果成员系统 S_i 与 S_j 之间有没有接口，则 $[a_{ij}] = 0$。

表 3-7　体系结构矩阵表示

a_1	a_{12}	a_{13}	...	a_{1i}	a_{1j}	...	a_{1m}
	a_2	a_{23}	...	a_{2i}	a_{2j}	...	a_{2m}
		a_3	...	a_{3i}	a_{3j}	...	...
			⋮	⋮	⋮	⋮	⋮
				a_i	a_{ij}	...	
					a_j	...	
						⋮	
							a_m

3.3.4　网络信息体系演化动因描述

第 2 章介绍了造成体系演化的动因主要有两种：

一是外部环境的改变，环境的变化使体系能力要求及每个能力的权重发生变化，必然要求体系结构发生相应的改变。

设在时刻 $T = 0$ 时，初始环境模型为 E_0，环境属性为性能要求、资金和建设周期，则

$$E_0 = f(\mathrm{SoS}_{\mathrm{funding}}, \mathrm{SoS}_{\mathrm{performance}}, \mathrm{SoS}_{\mathrm{deadlines}})。$$

在 T 时刻的环境模型 E_T 表示为 $E_T = E_0 \sigma_T$，σ_T 是在 T 时刻外部环境的变化。目标度量与环境模型 E_T 的关系为 $\text{SoS}.M_\alpha = f(E_T)$。在 T 时刻体系目标度量更新为 $\text{SoS}.M_T = \text{SoS}.M_0 + \text{SoS}.M_\alpha$。

二是系统微观行为，体系能力从微观到宏观的涌现机制、系统的行为改变及系统与体系之间的交互行为造成体系层面宏观能力的涌现，系统与体系之间的交互也造成体系不断演化发展。

系统接受体系的能力需求要求，但是与体系所要求的建设周期、资金及性能水平有差距，差距用 $\text{System}_i.\text{Gap}$ 表示，体系的每个能力的权重为 $\text{SoS}.W_i$，由此得出体系结构更新的内容为 β。

体系结构依据系统协商对体系结构进行演化，t 时刻的体系结构为 $\text{SoS}.A_t = \text{SoS}.A_0 + \beta$。对演化后 t 时刻体系结构进行评估，得到新的体系结构质量评分 $\text{SoS}.A_t$：$P = \text{ArchitectureScore.SoS}.A_t$。

1. 系统协商描述

构成体系的最初始的能力需要成员系统参与。由于每个系统独立发展且具有自身的发展目标和动机，系统收到体系的联通请求时有权利选择连接或不连接。成员系统的意愿很大程度上影响了体系能力构成，系统与其他系统的合作意向也决定了体系层的涌现性能。因此，需要对系统的参与意愿进行描述，了解系统参与程度与体系涌现能力的关系。通过分析，系统参与意愿这个决定从两个方面进行描述：①系统与体系连接意愿度量；②系统是否具备连接能力。如果系统决定不连接，它可以选择以后再提供能力。表 3-8 给出系统协商模型描述。

表 3-8 系统协商模型描述

模型要素	描述
系统	$System.S_i$
系统性能	$System.P_i$
系统能力	$System.C_i$
系统连接意愿	$System.willingness_i$
系统连接能力	$System.ability_i$
从体系接收到连接需求	$SoS.R_i$

体系连接需求评估	`System.coop_i=f(System.willingness_i,System.ability_i,SoS.R_i)`
	`System.coop_i=`
	`if System.coop_i=1`
	`    System.Information_i=(System.C_i, System.P_i, System.av_i)`
	`where`
	`    System.av_i=P(SoS.R_i)`
	`else`
	`Time to cooperate:`
	`System.coop_i=t where t≥SoS.d_i`

2. 系统行为描述

即使清晰地了解体系各组成系统的能力,由于各系统的独自发展和自我意愿,仍无法感知体系层所涌现的能力。为了捕获体系的能力及涌现能力,需要了解系统对 SoS 请求连接的实际参与情况。用染色体描述系统动态构成的体系结构,通过遗传算法评估备选体系结构的能力预期。

1)系统参与概率

由于系统内在的原因,对于体系提出的参与建设请求,每一个单独系统将有一个随机数。在优先取舍的情况下,系统可能因其内在的原因(技术上的、管理上的、成员及进度等)阻止它接受额外的任务。例如,它们认为体系不能工作,因此选择不关注它,或者利益相关方认为它们的首要使命不允许转移资源,或者它们想去参与,但没有能力去参与。每一个初始的体系结构有一个期望的平均参与概率 p。系统通过多方考虑决定是否参与(随机数均匀分布在 $0\sim1$),当随机数小于 p 时系统参与,最终确定一个可能的系统 S_i。

2)系统之间接口连接概率

将两个系统成功连接的概率设为 $q(0\leqslant q\leqslant1)$,其含义为系统之间最终实现连接的概率,当随机数小于 q 时系统之间接口存在。同时,两个系统都参与连接,接口才能存在。如果所有系统参与体系构建,接口的最大数为 $n(n-1)/2$。如果 n 个系统参与接口连接,q 是系统建立接口的概率,那么 $pqn(n-1)/2$ 是实际的接口数量。

3.4　网络信息体系演化过程建模方法

纵向上以时间轴线将信息系统划分为多个迭代演化阶段,用于分析和展现体系演化状态和发展轨迹,从而探索信息体系的演化规律。

由于体系的发展通常不遵循 DoDI 5000.02 中的一般项目获取过程[52, 54],随着环境和需求的不断变化,体系结构也不断地发展演化。为了捕获体系的行为度量和涌现特性,将 Dahmann 等[155]提出的波模型作为基础对其扩展,将网络信息体系能力演化过程划分为六个阶段,分别在 3.4.1~3.4.6 节中进行描述。图 3-5 描述了体系能力演化过程。

3.4.1　初始网络信息体系

在网络信息体系能力演化过程中,首先理解网络信息体系建设目标需求,了

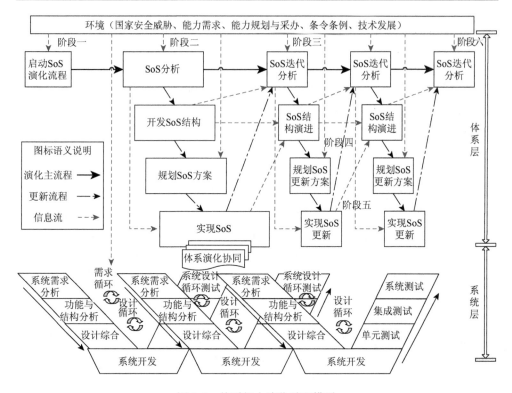

图 3-5 体系能力演化过程模型

解构建体系可以使用的资源及受到的约束。此外，确定成员系统的信息以支持体系期望的能力。

在 $T=0$ 时刻，$\text{SoS}.C = (C_1, C_2, \cdots, C_n)$ 描述为了完成网络信息体系使命任务而期望的一组能力，$\text{SoS}.P = (P_1, P_2, \cdots, P_n)$ 描述实现能力的性能参数，$\text{SoS}.W = (w_1, w_2, \cdots, w_n)$ 描述每个网络信息体系能力的权重值，$\text{SoS}.M_0 = [a_{ij}]$ 描述初始网络信息体系目标矩阵，有 $[a_{i1}] = \text{SoS}.C_i$，$[a_{i2}] = \text{SoS}.P_i$，$[a_{i1}] = w_i$。网络信息体系结构由一组系统和接口组成，设系统标志为 $\text{system}.S_i = (S_1, S_2, \cdots, S_n)$，系统接口标志为 $\text{System}.I_{ij} = (I_{11}, I_{12}, \cdots, I_{nn})$，从而完整地标志出网络信息体系的目标空间。

单独系统的能力用向量表示，$\text{System}.C_i = [a_i]$。当 $a_i = 1$ 时 $\text{System}.C_i$ 能够提供能力给 $\text{SoS}.C_i$，当 $a_i = 0$ 时 $\text{System}.C_i$ 不能提供能力给 $\text{SoS}.C_i$。同时，建设周期和资金也限定了体系实现的能力。实现每个能力的建设周期设定为 $\text{SoS}.d_i = (d_1, d_2, \cdots, d_n)$，实现每个能力的费用约束设定为 $\text{SoS}.f_i = (f_1, f_2, \cdots, f_n)$。初始体系的形式化描述见表 3-9。

表 3-9　初始体系

初始体系含义	描述
演化时间	t
波间隔	epoch
波时间	$T=\text{epoch}.t$
当前波时间	$T=0$
SoS 期望能力	$\text{SoS}.C_i=(C_1,C_2,\cdots,C_n)$
确定每个 SoS 能力权重值	$\text{SoS}.W_i=(w_1,w_2,\cdots,w_n)$
确定 SoS 渴望性能水平	$\text{SoS}.P_i=(P_1,P_2,\cdots,P_n)$
初始 SoS 目标矩阵	$\text{SoS}.M_0=[a_{ij}]_{m\times3}$，其中 $a_{i1}=\text{SoS}.C_i,a_{i2}=\text{SoS}.P_i,a_{i3}=\text{SoS}.W_i$

3.4.2　引导网络信息体系分析

根据网络信息体系的需求、工作指标、工作计划，为网络信息体系开发建立一个初始体系基线结构，设定为 $\text{SoS}.C_{g,n}$。首先，为描述组成体系的系统和系统之间的接口，将初始体系基线结构用染色体矩阵表示为 $\text{SoS}.C_{g,n}=[a_{ij}]_{n\times n}$。$[a_{ij}]=1$ 说明系统 S_i 与系统 S_j 之间有接口连接，$[a_{ij}]=0$ 表示系统 S_i 与系统 S_j 之间无接口连接，且系统 $S_i\neq$ 系统 S_j。然后，对每个备选的染色体适配值进行评估。设 F 为模糊评估，设每个系统的性能测量到体系性能测量的映射为 $F,\text{SoS}.C_{g,n}$：$\text{System}.P_i\rightarrow\text{SoS}.P_i$。设 FAM 为模糊评估规则，是体系性能测量到体系结构评价的映射，为

$$\text{FAM},\text{SoS}.C_{g,n}:\ \text{SoS}.P_i\rightarrow\text{ArchitectureScore}.\text{SoS}.C_{g,n}。$$

将通过评估选出的最优的染色体作为初始网络信息体系的基线体系结构，它代表了最佳体系结构评价，即最少资金和最短期限：

$$\text{SoS}.A_0=f[\max(\text{ArchitectureScore}.\text{SoS}.C_{g,n}),\min(\text{SoS}.d_i),\min(\text{SoS}.f_i)]。$$

当体系请求与单独系统连通时，将体系基线体系结构要求、体系建设费用要求和体系建设最终期限要求等信息传递给单独系统。

连通请求通过需求基线函数 $\text{SoS}.R_i$ 实现，$\text{SoS}.R_i=f(\text{SoS}.A_0,\text{SoS}.f_i,\text{SoS}.d_i)$。单独系统评估在给定的费用和最终期限约束下是否能提供被要求的能力，如果能够提供就可以建立连接。引导体系分析的形式化描述见表 3-10。

表 3-10　引导体系分析

引导体系分析含义	描述
标志满足 SoS 能力目标的系统集合	$\text{SoS}.M_0\rightarrow S=(S_0,S_1,\cdots,S_n)$
用染色体表示 SoS 结构，初始 SoS 结构染色体	$\text{SoS}.C_{g,n}=[a_{ij}]_{n\times n}$，其中 $a_{ij}=S_i\rightarrow S_j$，并且 $S_i\neq S_j$ 每一个 SoS 结构的适配值（Fitness）评估： Fitness：$\overline{\text{SoS}.C_{g,n}}\rightarrow\text{SoS}.B_T$

引导体系分析含义	描述
在初始 SoS 结构集合内选择最优适配值的染色体	$SoS.A_0 = \max(Fitness.SoS.C_{g,n})$
演化约束条件	实现每个 SoS 能力的时间期限：$SoS.d_i = (d_0, d_1, \cdots, d_n)$
	实现每个 SoS 能力的资金：$SoS.f_i = (f_0, f_1, \cdots, f_n)$
	SoS 根据体系结构描述给系统发送联通请求：$SoS.R_i = f(SoS.A_0, SoS.f_i, SoS.d_i)$

3.4.3 网络信息体系结构发展和演化

演化初始网络信息体系基线，发展体系结构。体系结构包括单独的系统、体系关键功能、互相依赖的系统等。为了实现目标网络信息体系结构，这个模型必须识别关键系统需要的接口和功能变化。网络信息体系收到单独系统发送的响应，单独系统可以决定与网络信息体系相连接，或者根据系统自身的动机要求改变需求，如性能改变 ΔP，最终期限改变 Δd，以及费用改变 Δf。网络信息体系通过模糊评估规则 FR 对单独系统的商谈进行管理评估。System.Gap 表示单独系统的性能、最终期限及资金与网络信息体系提出的需求之间的差距。设 FAM 为一组模糊评估规则，用于协商关于网络信息体系能力权重 W 和 System.Gap 与体系结构校正要素之间的映射，用 Beta_T 表示体系结构校正要素，则有 FAM：W 和 System.Gap$\rightarrow \mathrm{Beta}_T$。基于协商的网络信息体系结构表示为 $SoS.A_T = SoS.A_0 + \mathrm{Beta}_T$。通过 FAM 模糊评估规则给当前的网络信息体系结构打分：

FAM, $SoS.A_T$：$P \rightarrow ArchitectureScore.SoS.A_T$。

直到达到一个指定的次数或达到指定的网络信息体系结构质量，这个协商过程才结束。体系结构演化形式化描述见表 3-11。

表 3-11 体系结构演化

体系结构演化含义	描述
从系统接收信息用于体系结构更新	$\mathrm{Beta}_T = f(\mathrm{System}, \mathrm{Information})$
在 T 时刻期望的 SoS 结构	$SoS.A_T = SoS.A_0 + \mathrm{Beta}_T$
对当前体系能力进行评估	模糊评估系统 F：$A_i \rightarrow B_i$； 评估规则 m：$(A_1, A_2) \cdots (A_m, B_m)$； 如果 System.Information$i = A_i$，SoS 结构评估结果为 B_i，则 F：System.Information$i \rightarrow B_i'$ 有 $B_i = W_i B_i'$； W_i：模糊评估 (A_i, B_i) 的权重值
得到 SoS 结构质量评分	$SoS.B_T = \sum_{i=1}^{m} W_i B_i'$

3.4.4　计划网络信息体系更新

计划体系更新阶段，由于外部环境的改变，需要计划下一个网络信息体系更新周期。时间期限、费用和性能要求的变化影响到每个网络信息体系能力的权重值。每个能力权重依据外部环境 E_T 进行更新。因此，网络信息体系目标测量更新 SoS.Alpha$_T$ 在波模型 T 时刻的函数表达式为 SoS.Alpha$_T$=$f(E_T)$。将这个更新的网络信息体系目标函数作为下一个波周期的输入，用于更新体系领域模型。计划体系更新形式化描述见表 3-12。

表 3-12　计划体系更新

计划体系更新含义		描述
当前波时间		T
判断更新 SoS 目标测量	体系能力更新	$\text{SoS}.\Delta C_i = (\Delta C_1, \Delta C_2, \cdots, \Delta C_n)$ $\text{SoS}.\Delta C_i = f(E_T, \text{SoS.Gap}_T)$
	体系性能更新	$\text{SoS}.\Delta P_i = (\Delta P_1, \Delta P_2, \cdots, \Delta P_n)$ $\text{SoS}.\Delta P_i = f(E_T, \text{SoS.Gap}_T)$
	体系目标测量更新	当 $\text{SoS}.\Delta C_i$ 且 $\text{SoS}.\Delta P_i$ 时，$\text{SoS.Alpha}_T = [a_{ij}]_{n \times 2}$; 当 T=0 时，$\text{SoS.Alpha}_T = 0$, 则 T 时刻的体系目标测量： $\text{SoS}.M_T = \text{SoS}.M_0 + \text{SoS.Alpha}_T$
判断波模型时间间隔		$\text{epoch} = f(E_T, \text{SoS.Gap}_T)$
判断为能力构建分配预算/进度		$\text{SoS}.d_i = f(E_T, \text{SoS.Gap}_T)$ $\text{SoS}.f_i = f(E_T, \text{SoS.Gap}_T)$

3.4.5　实现网络信息体系更新

根据现有体系能力水平和系统的执行能力，建立一个新的体系能力基线。这一步是一个阶段体系更新的结束，完成单独的系统更新与体系连接。在波模型的 T 时刻更新的体系结构为 $\text{SoS}.A_T = \text{SoS}.A_0 + \text{Beta}_T$。体系更新形式化描述见表 3-13。

表 3-13　体系更新

体系更新含义	描述
在波模型 T 时刻更新的体系结构	$\text{SoS.Gap}_T = f(\text{SoS}.A_T, \text{SoS}.A_0, \text{SoS}.B_T)$

3.4.6 下一波网络信息体系演化分析

开始下阶段演化循环，为将来的体系演化继续分析当前体系结构，分析已更新的 $SoS.A_T$。

第4章 网络信息体系演化度量与优化方法

4.1 引 言

面向使命任务的网络信息体系规划与建设，关注于网络信息体系的最终能力是否能应对特定的使命任务。在体系规划阶段，体系建设者根据现有系统条件、技术力量及所能调配的资源，结合经验选择构建体系的成员系统及接口集合、所有体系结构方案，形成元体系结构空间。体系构建者期望在体系建设之前对体系构建方案进行评估，对体系演化的结果进行预测，为体系构建提供参考依据。如果对所有的体系结构进行演化评估，会有很大的工作量。因此在评估体系结构质量之前优选出最优的体系结构，然后对该体系结构进行评估，可以节省体系结构建设时间。

本章提出基于遗传算法的多目标元体系结构优化选择方案。首先，描述元体系结构空间的构成，并用染色体集合表示网络信息体系结构空间。其次，提出基于遗传算法的染色体集合优化策略，具体包括定义参数、建立模型和算法实现。本章构建了多属性模糊评估体系，对演化过程中的染色体质量进行价值度量。定义过程能力基线（process capability baseline，PCB），建立价值指标，如性能、可购性、灵活性、鲁棒性。每一个价值指标有一条独立的 PCB，形式化地表示能力演化，用于描述体系中关键要素的演化对这四个指标的影响。通过从多个方面分析演化过程的价值，总结体系开发过程的经验和教训，可以获得体系改进的依据。

4.2 体系演化度量模型

3.4 节建立的网络信息体系演化过程模型描述了体系向系统提建议—系统同意—执行的发展过程。体系为每个系统的每个阶段都提供费用、能力的分配信息、性能要求和建设周期等信息备选，体系输入参数的变化引导体系结构发生演化，评估演化后的体系结构性能以调整输入参数，从而预测分析演化后的体系性能水平。

4.2.1 参数定义

表 4-1 给出体系演化度量模型参数。

表 4-1　体系演化度量模型参数

参数名称	含义
n	体系具备能力个数
m	体系中成员系统个数
l	体系中可能构成的接口个数
C_i	能力，$i=1,2,\cdots,n$
S_j	体系中成员系统，$j=1,2,\cdots,m$
I_k	体系中包含的接口，$k=1,2,\cdots,l$
S_{ij}	完成能力 C_i 系统 S_j 的份额
r_{ik}	完成能力 C_i 接口 I_k 的份额
P_{ij}	提供能力 C_i 的系统 S_j 的性能水平
f_{ij}	在系统 S_j 上提供能力 C_i 的经费
d_{ij}	在系统 S_j 上提供能力 C_i 的时间周期
p_{ik}	提供能力 C_i 的接口 I_k 的性能水平
f_{ik}	在接口 I_k 上提供能力 C_i 的经费
d_{ik}	在接口 I_k 上提供能力 C_i 的时间周期
P_i	能力 C_i 期望的性能水平
F_i	能力 C_i 分配的经费预算
D_i	实现能力 C_i 的时间周期
P_{SoS}	整个体系层的性能
F_{SoS}	整个体系的建设的经费需求
D_{SoS}	整个体系的建设的时间周期
ϕ_{SoS}	一个模糊决策变量
A_{SoS}	体系的体系结构
A_i	成员系统结构
g	体系结构空间中结构集合数量
h	一个结构集中结构数量
$\overline{A_{\mathrm{SoS}},b}$	体系结构集合 b
$\overline{A_{\mathrm{SoS}},\overline{a}b}$	在集合 b 中选择最优配适的体系结构 a，其中 $\overline{a}\leqslant h$，并且 $b=1,2,\cdots,g$
$\overline{A_{\mathrm{SoS}}}$	体系结构空间中优化后的结构

参数名称	含义
$\overrightarrow{A_{ib}}$	提供能力 C_i 的系统结构集合 b，其中 $i = 1,2,\cdots,n$，并且 $b = 1,2,\cdots,g$
w_P	计算适配值时为 SoS 性能提供的权重值
w_f	计算适配值时为 SoS 资金预算提供的权重值
w_d	计算适配值时为 SoS 时间周期提供的权重值
φ_{SoS}	体系的体系结构适配值
$\varphi_{\text{SoS},ab}$	体系的体系结构集合 b 中体系结构 a 的适配值，其中 $a = 1,2,\cdots,h$，并且 $b = 1,2,\cdots,g$
$\overline{\overline{\varphi_{\text{SoS}}}}$	体系结构空间最优适配值
$\overline{\overline{\varphi_{\text{SoS},b}}}$	体系的体系结构集合 b 中其中一个体系的体系结构的最优适配值，其中 $b = 1,2,\cdots,g$

4.2.2　演化度量模型形式化描述

基于使命任务的体系构建，需要具备 n 个能力以完成使命任务。体系建设者从 m 个备选系统和 l 个可能的接口中选择用于构建体系，有

$$l = \frac{m(m-1)}{2}。$$

设定备选系统集合 $S_j, j \in \{1,2,\cdots,m\}$，$m$ 为整个备选系统的数量，并且 I_k 是系统 S_j 和系统 $S_{j'}$ 之间的接口，$j \in \{1,2,\cdots,m\}$ 并且 $j' \in \{1,2,\cdots,m\}$。系统之间所有可能的各种连接关系用邻接矩阵表示。定义接口基本原理：

$$I_k = I_{jj'} = I_{j'j} = \begin{cases} 1 & S_j \text{和} S_{j'} \text{接口存在并实现信息交互} \\ 0 & S_j \text{和} S_{j'} \text{接口不存在} \end{cases}。$$

由于一个接口无法连接自身系统，则 $j \neq j'$，这里 $I_{jj'} = 0(\forall j = j')$，因此，邻接矩阵 $S(G)$ 的对角线上的值为 0。设定接口只表示两个系统互相连接，不考虑连接方向，则邻接矩阵是一个上三角矩阵，其余的值为 0。下面给出一个三个系统互联的邻接矩阵，描述了三个系统之间的接口连接关系：

$$S(G) = \begin{bmatrix} 0 & 1 & 1 \\ 0 & 0 & 1 \\ 0 & 0 & 0 \end{bmatrix}。$$

邻接矩阵中行向量表示体系结构中所有的成员系统 $S_j, j \in \{1, 2, \cdots, m\}$，与其他系统存在的接口 $I_k, k \in \{1, 2, \cdots, m-1\}$。在体系结构的向量结构中，系统或接口用二进制数表示，如果连接，值为"1"，无连接，则值为"0"。

同样的方法，体系的某个能力 C_i 由成员系统集和接口集提供，有

$$S_{ij} = \begin{cases} 1 & \text{系统} S_j \text{提供能力} C_i \\ 0 & \text{系统} S_j \text{不能提供能力} C_i \end{cases},$$

$$r_{ik} = \begin{cases} 1 & \text{接口} I_k \text{提供能力} C_i \\ 0 & \text{接口} I_k \text{不能提供能力} C_i \end{cases}。$$

假设系统自己互联，接口值为"0"，则 $\forall k, r_{ik} = 0$。

对于体系能力的构建，备选系统中至少有一个系统可以提供能力，则有

$$\sum_{j=1}^{m} S_{ij} \geqslant 1, \forall i。$$

系统 S_j 如果为体系提供能力 C_i，则该系统属于体系结构中的成员，如果不能提供，则不属于体系结构中的成员，有

$$S_j = \begin{cases} 1 & \sum_{j=1}^{m} S_{ij} \geqslant 1, \forall i \\ 0 & \sum_{j=1}^{m} S_{ij} = 0, \forall i \end{cases}。$$

同样地，接口 I_k 如果为体系提供能力 C_i，则该系统属于体系结构中的成员，如果不能提供，则不属于体系结构成员，有

$$I_k = \begin{cases} 1 & \sum_{k=1}^{m-1} r_{ik} \geqslant 1, \forall i \\ 0 & \sum_{k=1}^{m} r_{ik} = 0, \forall i \end{cases}。$$

对于接口的补充说明：接口必须是不同系统互联，且有互联的能力。例如，一个通信系统发送信息请求另一个系统互联，但对方系统没有能力接受连接，则 $I_k = 0$ 且 $r_{ik} = 0$。如果系统连接自身系统或者无连接，则接口值都设为"0"，有

$$I_k = \begin{cases} 0 \cup 1 & S_j \bigcup S_{j'} = 1 \\ 0 & S_j \bigcap S_{j'} = 0 \end{cases}。$$

另外，当两个系统通过物理或任意逻辑已经连接，技术上可行的接口就产生了。例如，一个发送交流信息的系统需要连接另一个系统，另一个系统需要有一个拥有接收功能的接口。如果这个接口没有接收功能，那么它的值就为"0"。对目标的选择如下。

（1）体系层整体架构性能 P_{SoS}。P_{SoS} 的目标是选择有效的体系架构最大值，为了达到这个目标，所有系统和接口所能提供的最高性能决定每个能力的性能。

所有系统提供一个确定能力 C_i 的性能为 $\max_{\forall j}(P_{ij}S_{ij}), \forall i$。

所有接口联合提供同样能力 C_i 的性能为 $\max_{\forall k}(P_{ik}S_{ik}), \forall i$。

从这可以得出，组成体系所有能力的性能可以被度量到的最大值为

$$\max_{\forall i}[\max_{\forall j}(P_{ij}S_{ij}), \max_{\forall k}(P_{ik}S_{ik})]。$$

（2）体系建设的全部成本 F_{SoS}。目标是实现体系建设的最少费用。实现每个能力 C_i，费用不能超过各自的预算 F_i。每个能力的费用预算决定了能够提供该能力 C_i 的所有系统和接口的费用。

提供能力 C_i 所有系统建设的费用为 $\sum_{j=1}^{m} f_{ij}S_{ij}, \forall i$。

提供能力 C_i 所有接口建设的费用为 $\sum_{k=1}^{l} f_{ik}r_{ik}, \forall i$。

实现某个能力 C_i 的总费用为 $\sum_{j=1}^{m} f_{ij}S_{ij} + \sum_{k=1}^{l} f_{ik}r_{ik}, \forall i$。

因此，建设体系所有的花费是实现体系所有能力的费用之和，假设整个体系有 n 个能力，总费用为 $\sum_{i=1}^{n}\left(\sum_{j=1}^{m} f_{ij}S_{ij} + \sum_{k=1}^{l} f_{ik}r_{ik}\right)$。

（3）体系建设期望的时间周期 D_{SoS}。目标是实现体系结构发展的所用最少时间，因此每个能力的实现不能超过预定的时间 D_i。体系每个能力的实现时间与系统和接口提供能力的最大时间有关。

提供能力 C_i 所有系统建设的最大时间为 $\max_{\forall j}(d_{ij}S_{ij}), \forall i$。

提供能力 C_i 所有接口建设的最大时间为 $\max_{\forall k}(d_{ik}r_{ik}), \forall i$。

因此，建设体系所有的时间是实现体系所有能力的最大时间之和，为

$$\max_{\forall i}[\max_{\forall j}(d_{ij}S_{ij}), \max_{\forall k}(d_{ik}r_{ik})]。$$

（4）体系所需环境描述。体系所需的环境的改变能够影响体系主体。在时刻 $T=0$ 将初始环境模型 E_0 代替体系所需的环境。体系所需的环境影响要素包括性能要求属性、体系资金属性和建设期限属性。初始环境模型 E_0 函数描述为

$$E_0 = f(\text{SoS}_{\text{funding}}, \text{SoS}_{\text{performance}}, \text{SoS}_{\text{deadlines}})。$$

由于体系所需的过程遵循波模型周期，所有这些被体系管理者改变的变量反映了此时所需的环境。在 T 时刻的环境模型 E_T 表示为 $E_T = E_0\sigma_T$，σ_T 是在 T 时刻环境因素的变化。

4.2.3 度量模型算法

算法步骤如下：

（1）定义关键目标和体系属性。

（2）用可行的规则在各个系统之间建立一些接口。

（3）从二进制的染色体表中读出体系的每个属性值和性能水平，定义一个模糊规则。

（4）定义体系属性隶属度函数。

（5）定义从属性值到整个体系适配值的权重和规则。

（6）在系统和能力之间建立一个资金分配、性能和最终期限的模型。

（7）用遗传算法选出推荐的染色体。

（8）体系与系统协商得到演化的每个阶段的体系染色体。

（9）通过模糊评估规则对每个阶段的染色体进行评估。

（10）染色体能够指导体系分析，使用基因算法选择一个合适的染色体，同时，以资金、性能和最终期限为体系与系统协商输入条件，引导体系演化发展。

4.3　体系优化评估算法

4.3.1　问题描述

为构成体系的能力基线，体系向相关系统发出参与请求以提供能力，系统出于自身的利益考虑会同意或者拒绝。为了确保基本的能力构成，体系向多个提供相同能力的系统发出请求，这样可以有多个系统作为备选。元体系结构是构成体系能力的所有初始体系结构，构成初始体系能力的体系结构备选空间。假设网络信息体系能力为 C，其中包含的能力 $C_i \in (C_1, C_2, \cdots, C_n)$。

假定对于 $\forall C_i \in C$，存在 N_i 个满足其体系能力 C_i 的成员系统组合，则为实现能力 C_i，存在 $\prod_{i=1}^{n} N_i$ 种系统的动态集成方案，构成体系结构空间 SoS.A。然而对 SoS.A 中每一种备选体系结构进行演化仿真分析工作量巨大，容易形成任务量"爆炸"的困境。为了解决这个问题，需要找到一种有效的优化策略，针对每个动态集成方案给予分析和评价，找到最优（较优）的成员系统动态集成方案，然后再通过演化策略对该体系结构进行演化仿真。

4.3.2 多目标优化策略

对体系结构的评估是一个模糊问题，因为评估标准往往是非定量的、非客观的，评估都要基于未知的未来可能出现的状况进行，如"鲁棒性"这一指标。由于事先不能预料体系的构成，而系统是否参与到体系中是二元的，遗传算法作为非梯度的最优化算法可以应用到体系结构的研究之中。遗传算法充分利用染色体基于体系主体区域变化的特性来规划成员系统，同时它使用模糊评估方法来确定染色体合适的进化方向。

1. 遗传算法的基本思想

遗传算法的基本思想是根据生物进化理论，模拟生物的遗传机理和自然选择而形成的一种自适应的全局优化概率搜索算法。用"染色体"的方式描述优化问题，并根据适者生存的自然选择法则，通过适配值函数来衡量"染色体"的优劣，适配值大的"染色体"在复制、交叉、变异等遗传操作中被保留下来的概率高，在进行 n 代进化后，算法最终收敛于适配值最好的"染色体"，被认为是优化问题的最优解或较优解[156-158]。

在给出的遗传算法中，假设：①每代的群体规模 N 是固定值；②以一定的迭代次数（设为 150 代）作为算法的终止；③将适配值最大的染色体作为优化选择问题的最优解。遗传算法的基本流程如下[159-161]：

（1）初始化控制参数，设定群体规模 N、交叉概率 p_c、变异概率 p_m、终止规则（迭代的次数 $\text{Gen} = 150$）；

（2）算法开始执行，迭代的次数 $\text{Gen} = 0$，群体中个体的数目 $i = 0$；

（3）在一定的编码策略下，随机产生由 N 个初始个体构成的初始种群；

（4）判断遗传算法的终止规则是否满足，若满足，则搜索结束，否则执行以下步骤；

（5）根据适配值函数，计算种群中每一个个体 $x_i(i = 1, 2, \cdots, N)$ 的适配值 $F(x_i)$；

（6）根据个体的适配值 $F(x_i)(i = 1, 2, \cdots, N)$，计算个体的选择概率

$$p(x_i) = \frac{F(x_i)}{\sum\limits_{j=1}^{N} F(x_j)} ,$$

从群体中随机选择 N 个个体，得到种群；

（7）依据交叉概率 p_c，从种群中选择两个个体，进行交叉，形成新的两个子代个体，并加入新的群体中，同时种群中未发生交叉的个体直接复制到新的群体中；

（8）依据变异概率 p_m，在新的种群中选择个体进行基因变异，变异后的新个体替代新群体中的个体；

（9）迭代的次数 $\mathrm{Gen} = \mathrm{Gen} + 1$，转入步骤（4）。

针对上述组合"爆炸"的困境，采用遗传算法，将其作为问题的主要求解方法，并对遗传算法进行了改进设计，实现一种带约束规则的遗传算法，得到适合网络信息体系动态集成方案的优化选择。下面根据遗传算法的概念及算法流程，给出网络信息体系动态集成方案优化选择模型。

2. 最优模型

一个最佳模型定义如下：

$$\mathrm{Maximize} P_\mathrm{SoS} = \max_{\forall i}(P_i) ;$$

$$\mathrm{Minimize} F_\mathrm{SoS} = \sum_{i=1}^{n} F_i ;$$

$$\mathrm{Minimize} D_\mathrm{SoS} = \max_{\forall i}(D_i) 。$$

目标包括：

$$\sum_{j=1}^{m} f_{ij}S_{ij} + \sum_{k=1}^{l} f_{ij}r_{ik} \leqslant F_i, \quad \forall i ;$$

$$\max_{\forall j}(d_{ij}S_{ij}) \leqslant D_i, \quad \forall i ;$$

$$\max_{\forall k}(d_{ik}r_{ik}) \leqslant D_i, \quad \forall i ;$$

$$\max_{\forall j}(P_{ij}S_{ij}) \geqslant P_i, \quad \forall i ;$$

$$\max_{\forall k}(P_{ik}r_{ik}) \geqslant P_i, \quad \forall i ;$$

$$\sum_{j=1}^{m} S_{ij} \geqslant 1, \quad \forall i ;$$

$$S_j = \begin{cases} 1 & \sum_{i=1}^{n} S_{ij} \geqslant 1, \forall j \\ 0 & \sum_{i=1}^{n} S_{ij} = 0, \forall j \end{cases} ;$$

$$I_k = \begin{cases} 1 & \sum_{i=1}^{n} r_{ik} \geqslant 1, \forall k \\ 0 & \sum_{i=1}^{n} r_{ik} = 0, \forall k \end{cases} ;$$

$$I_k = \begin{cases} 1 & S_j = 1, S_{j'} = 1, \forall k \\ 0 & S_j = 0, S_{j'} = 0, \forall k \end{cases} 。$$

I_k 是 S_j 与 $S_{j'}$ 的接口，且 $j \neq j'$。

3. 算法实现

1）编码

编码是将体系结构动态方案空间优化选择后的解用遗传算法的编码方法表示，从而使优化问题的解与编码相对应。在体系动态集成方案优化选择中，成员系统 S_i 与接口 I_{ij} 的各种组合构成一个体系结构空间 SoS.A，SoS.A 中每一个体系结构都可以实现网络信息体系初始能力。

用染色体组表示网络信息元体系结构空间 SoS.A 的所有体系结构。具体方法为：一种体系结构用一条染色体表示，每条染色体中 $S_i(i=1,2,\cdots,n)$ 表示系统，I_{ij} 表示系统 S_i 和系统 S_j 之间的接口。染色体中 S_i 的值为"1"表示系统 S_i 参与并支持 SoS 能力 C 的建设，染色体中 S_i 的值为"0"表示不参与体系能力 C 的建设。染色体中 I_{ij} 为"1"表示系统 S_i 和系统 S_j 之间有相互连接关系，染色体中 I_{ij} 为"0"表示系统 S_i 和系统 S_j 之间没有相互连接关系。一条染色体描述了构成体系结构所有起作用的系统、接口及不起作用的系统、接口。因此，一条染色体描述了一种可能的体系结构，所有染色体构成初始体系结构空间。网络信息元体系结构空间 SoS.A 的染色体表示法如表 4-2 所示。

表 4-2　染色体表示系统和接口集合

S_1	S_2	…	S_i	…	S_n	I_{12}	…	I_{1n}	…	I_{ij}	…	$I_{n-1,n}$
1	0	…	1	…	1	1	…	0	…	1	…	0

对于实现体系能力 C，存在 M_i 个可供选择的系统，以及 L_i 个可能的接口，每一条编码代表选择一个体系结构，则 X_i 表示 SoS.A 中 M_i 个系统中的第 X_i 个接口，有 $1 \leqslant X_i \leqslant L_i$。

2）初始种群的产生

在遗传算法中，产生初始种群常用的方法有两种：①针对问题的解无先验知识的情况，随机产生初始种群；②基于一定的先验知识，将先验知识转变为必须满足的一组约束，再根据约束随机地选择种群的染色体。

在上述两种初始种群的产生方法中，第二种方法相对于第一种方法显然容易提高遗传算法的效率，能更快地获得最优解。这也是本书所采用的初始种群产生方法，对初始种群的产生采用一种带约束规则的方法获取。其初始种群产生的算法流程如下：

（1）初始化，设定种群的大小为 popsize；

（2）开始执行，初始种群中染色体个数 ChromNum $= 0$；

（3）如果 $\mathrm{ChromNum} = \mathrm{popsize}$ ，输出结果（初始种群的值），算法结束，否则执行以下步骤；

（4）染色体个数设定为 $\mathrm{ChromNum} = \mathrm{ChromNum} + 1$ ，种群中的第 $\mathrm{ChromNum}$ 个染色体为 $\mathrm{SoS}(\mathrm{ChromNum})$ ，设定初始化染色体的基因个数 $\mathrm{geneNum} = 0$ ；

（5）如果 $\mathrm{geneNum} = n$ ，转入步骤（3），否则执行下面步骤（判断染色体中的基因个数是否满足，其中 n 的值为系统的个数）；

（6）给出染色体的基因个数为 $\mathrm{geneNum} = \mathrm{geneNum} + 1$ ，取得 n_{geneNum} 值（ n_{geneNum} 表示 $\mathrm{SoS}_{\mathrm{geneNum}}$ 中可供选择的系统个数）；

（7） $\mathrm{SoS}_{\mathrm{geneNum}}$ 的前序结构为 $\mathrm{SoS}.A_1, \cdots, \mathrm{SoS}.A_{\mathrm{geneNum}-1}$ ，获取前序结构的约束集合 CR ， $\mathrm{CR} = \mathrm{getConflictRule}(\mathrm{TA}_{\mathrm{geneNum}})$ ；

（8） $x_{\mathrm{geneNum}} = \mathrm{CreatGene}(\mathrm{SoS}.A_{\mathrm{geneNum}}, \mathrm{CR})$ ，通过约束规则生成 $\mathrm{TA}_{\mathrm{geneNum}}$ 的基因；

（9）后序结构的约束 CR 通过 $\mathrm{SoS}.A_{\mathrm{geneNum}}$ 的 x_{geneNum} 生成， $\mathrm{setConflictRule}$ $(x_{\mathrm{geneNum}}, \mathrm{SoS}.A_{\mathrm{geneNum}}, \mathrm{CR})$ ；

（10）转入步骤（5）。

3）适配值函数设计

在遗传算法中，适配值函数的用途是评价染色体的优劣程度，适配值越大越好，从而选出好的个体，使染色体向优化的方向进化。适配值函数的构造非常重要，其好坏直接影响遗传算法的搜索结果和收敛速度。

根据 4.2.2 节所述，体系结构优化选择的目标函数如下。

目标函数 1：体系整体性能最优（ P_{SoS} ）

$$\mathrm{Maximize}\ P_{\mathrm{SoS}} = \max_{\forall i}(P_i) \text{。}$$

目标函数 2：体系建设经费预算最少（ F_{SoS} ）

$$\mathrm{Minimize}\ F_{\mathrm{SoS}} = \sum_{i=1}^{n} F_i \text{。}$$

目标函数 3：实现体系功能的时间最短（ D_{SoS} ）

$$\mathrm{Minimize}\ D_{\mathrm{SoS}} = \max_{\forall i}(D_i) \text{。}$$

目标约束：

$$\sum_{j=1}^{m} f_{ij} S_{ij} + \sum_{k=1}^{l} f_{ik} r_{ik} \leqslant F_i, \ \forall i \text{；}$$

$$\max_{\forall j}(d_{ij} S_{ij}) \leqslant D_i, \ \forall i \text{；}$$

$$\max_{\forall k}(d_{ik} r_{ik}) \leqslant D_i, \ \forall i \text{；}$$

$$\max_{\forall j}(P_{ij} S_{ij}) \geqslant P_i, \ \forall i \text{；}$$

$$\max_{\forall k}(P_{ik} r_{ik}) \geqslant P_i, \ \forall i \text{。}$$

上述三个目标函数对形成一致的适配值函数存在障碍，因此，需要对目标函数进行相应的归一化处理。

首先将目标函数 2（F_{SoS}）转化为最大化的目标函数：

$$F_2' = \max\left(\frac{1}{F_{\mathrm{SoS}}} \right) 。$$

其次是将目标函数 3（D_{SoS}）转化为体系结构建设时间最大化目标函数（F_3'），则有 $F_3' = \max\left(\dfrac{D_{\mathrm{SoS}} - \min T}{D_{\mathrm{SoS}}} \right)$，其中 D_{SoS} 是体系建设期望时间。

在体系结构集合 b 中确定实现最优性能的体系结构 a：

$$P_{\mathrm{SoS},ab} = \max_{\forall i}[\max_{\forall j}(P_{ij}S_{ij}), \max_{\forall k}(P_{ik}r_{ik})]\big|ab 。$$

在体系结构集合 b 中确定实现最少费用的体系结构 a：

$$F_{\mathrm{SoS},ab} = \sum_{i=1}^{m}\left(\sum_{j=1}^{m} f_{ij}S_{ij} + \sum_{k=1}^{l} f_{ik}r_{ik} \right)\bigg|ab 。$$

在体系结构集合 b 中确定最少建设时间的体系结构 a：

$$D_{\mathrm{SoS},ab} = \max_{\forall i}[\max_{\forall j}(d_{ij}S_{ij}), \max_{\forall k}(d_{ik}r_{ik})]\big|ab 。$$

经过目标函数转化后，三个目标函数都实现最大化目标。决策者对每种目标具有不同的要求，需要进行目标权重的划分，但是目标权重一般很难预先精确定义，由于作战环境的变化、特定的作战任务不同，目标权重的取值可能不同，因此对于特定的作战任务，目标权重动态变化。

从实现作战任务的体系结构建设出发，可以利用专家评价法、AHP 等量化目标权重区间，为体系建设指挥决策人员或决策机构提供一般性权重指导。假设得到目标函数 P_{SoS}、F_{SoS}、D_{SoS} 的权重区间分别为 $[w_a^1, w_b^1]$、$[w_a^2, w_b^2]$、$[w_a^3, w_b^3]$，权重区间之间存在关系：① $w_a^1 + w_a^2 + w_a^3 < 1$；② $w_b^1 + w_b^2 + w_b^3 < 1$。

从实现特定作战任务出发，体系结构建设决策人员根据自身的知识、经验分别从上述三个区间提取权重值 w_P、w_f、w_d，最终得到遗传算法的适配值函数 F_{fit}，为

$$F_{\mathrm{fit}} = \varphi_{\mathrm{SoS},ab} = w_P P_{\mathrm{SoS},ab} + w_f F_{\mathrm{SoS},ab} + w_d D_{\mathrm{SoS},ab} 。$$

4）选择操作

选择操作的首要工作就是对种群中的每条染色体根据适配值函数计算其适配值，此操作主要目的是使较优的染色体尽量存活下来，但是又不能单单根据染色体的适配值进行排序选择，因为这样容易造成多样化的消失，出现早熟现象。因此，在选择操作中，在被选的种群中给每条染色体一个选择的概率，使所有的染

色体都有一定的存活机会。当然，环境适应能力越强的染色体存活的概率就越大，特别强调的是，结合精英选择策略，保证种群中最大适配值的染色体总是被复制到下一代种群中。

选择操作的算法流程分为三个阶段。

阶段一：单个染色体适配值、种群中所有染色体适配值总和的计算，其算法流程如下。

（1）初始化，获取上一代种群 POP，其种群的大小为 popsize；

（2）适配值计算，设定起始染色体适配值 CFitness 计算的个数 CFNum = 0，染色体适配值总和 SumCF = 0；

（3）如果 CFNum = popsize，计算结束，输出所有染色体的适配值及种群的适配值，否则执行以下步骤；

（4）令 CFNum = CFNum + 1，计算 $F[\text{POP(CFNum)}]$；

（5）$\text{CFitness(CFNum)} = F[\text{POP(CFNum)}], \text{SumCF} = \text{SumCF} + \text{CFitness(CFNum)}$；

（6）转入步骤（3）。

阶段二：单个染色体存活概率 p_i 的计算，其算法流程如下。

（1）如果 CFNum = popsize，计算结束，输出所有染色体的存活概率，否则，执行以下步骤；

（2）第 CFNum 条染色的存活概率为 $p_{\text{CFNum}} = \dfrac{\text{CFitness(CFNum)}}{\text{SumCF}}$；

（3）转入步骤（1）。

阶段三：依据染色体的存活概率，采用轮盘赌的方法进行染色体选择，其算法流程如下。

（1）初始化，将所有染色体按存活概率的大小排序，并得到存活概率最大的染色体，直接将其复制到下一代种群中，然后对余下的染色体计算累积概率，可得到每一条染色体的存活区间 $[a_i, b_i]$，满足：

$$p_i = b_i - a_i,$$
$$a_i = \sum_{j=1}^{i-1} p_j;$$

（2）得到上代种群中适配值最大的染色体，getMaxCFitness(POP)；

（3）设置选择的染色体个数 ChoiceNum = 1；

（4）如果 ChoiceNum = popsize − 1，选择结束，输出下一代种群，否则执行以下步骤；

（5）在区间 [0,1] 生成一个均匀分布的随机数 x，如果 $a_i < x \leqslant b_i$，将上一代种群中的第 i 条染色体保留，否则 ChoiceNum = ChoiceNum + 1；

（6）转入步骤（4）。

5）交叉操作

假设较差个体的交叉概率为 p_{c1}，最优个体的交叉概率为 p_{c2}，计算染色体发生交叉操作的概率 p_c 为

$$p_c = \begin{cases} p_{c1} & f' \leqslant \overline{f}' \\ p_{c1} - \dfrac{(p_{c1} - p_{c2})(f' - \overline{f}')}{f'_{\max} - \overline{f}'} & f' > \overline{f}' \end{cases} \circ \qquad (4\text{-}1)$$

式中，f' 为执行交叉操作双方中适配值较大染色体的适配值；$\overline{f}'$ 为种群平均适配值；$f'_{\max}$ 为种群中最大的适配值。

在交叉规则上，采取变化交叉方法，从而保证交叉操作的有效性，变化交叉算法流程如下。

（1）初始化，取得进行交叉操作的两条父代染色体 POP(i)、POP(j)，其在种群中的适配值分别为 CFitness(i)、CFitness(j)；

（2）根据式（4-1）计算得到选择的两条染色体的交叉概率 p_c；

（3）在区间 $[0,1]$ 生成一个均匀分布的随机数 c，如果 $p_c < c$，计算两条染色体的基因差异点集合 $D' = \{d'_1, d'_2, \cdots, d'_m\}$，对 $\forall d'_k \in D'$，则一定存在 x，使得 $d'_k = \sum\limits_{i=1}^{x} N_i$，执行步骤（4），否则执行步骤（1）；

（4）如果 $D' = \varnothing$，将染色体直接保存到下一代中，否则执行以下步骤；

（5）在区间 $[0,1]$ 生成一个均匀分布的随机数 y；

（6）当满足 $\dfrac{a}{m} \leqslant y < \dfrac{a+1}{m}$ 时，染色体的交叉点为 $d_a = \sum\limits_{i=1}^{q} N_i$，实施交叉操作；

（7）得到体系结构与 TA_{d_a} 相关的所有约束；

（8）判断交叉后得到的两条新染色体 new_POP(i)和 new_POP(j)的约束是否符合要求，如果符合，isMeet=1，否则 inMeet=0；

（9）如果 inMeet=1，将 new_POP(i)、new_POP(j)复制到下一代，否则，保留父代；

（10）在父子两代四条染色体中选择适配值高的两条，作为最优解进行后继操作，避免遗传算法中的退化现象。

6）变异操作

假设最大变异概率为 p_{m1}，最小变异概率为 p_{m2}，自适应变异概率 p_m 的计算表达式为

$$p_m = \begin{cases} p_{m1} & f'' \leqslant \overline{f}' \\ p_{m1} - \dfrac{(p_{m1} - p_{m2})(f'_{\max} - f'')}{f'_{\max} - \overline{f}''} & f'' > \overline{f}' \end{cases} \circ \qquad (4\text{-}2)$$

式中，f'' 为要变异染色体的适配值；$\overline{f'}$ 为种群平均适配值；$f'_{\max}$ 为种群中最大的适配值。

实现变异操作算法流程如下：

（1）初始化，根据式（4-2）计算种群中每个染色体发生变异的概率 p_{m}。

（2）采用选择操作中的赌轮盘方法根据变异的概率随机选择一条染色体，设为 POP(i)。

（3）随机产生一个变异位置 i，调用此基因位置的约束规则重新生成一个随机数，将此基因进行变更，形成新的染色体 POP(new)。

（4）计算新染色体的适配值为 CFitness(new)。

指派体系结构集合 $\overrightarrow{A_{\mathrm{SoS}},b}$，集合 b 中最优适配值为

$$\overline{\varphi_{\mathrm{SoS},ab}} = \max_a(\varphi_{\mathrm{SoS},ab}),$$

整个体系结构空间最优适配值为

$$\overline{\overline{\varphi_{\mathrm{SoS}}}} = \max_b(\varphi_{\mathrm{SoS},b})。$$

指派体系结构集合 b 中的一个体系结构 a，体系结构 a 是提供所有体系能力的系统和接口的体系结构，

$$A_{\mathrm{SoS}},ab = \sum_{i=1}^{n} A_i,ab \left| \exists \left(S_j \in A_{\mathrm{SoS}},ab = \begin{cases} 1 & \sum_{i=1}^{n} S_{ij} \in A_i, \quad \forall j \\ 0 & \text{其他} \end{cases} \right) \right.$$

$$\bigcup \left(I_k \in A_{\mathrm{SoS}},ab = \begin{cases} 1 & \sum_{i=1}^{n} r_{ik} \in A_i, \quad \forall k \\ 0 & \text{其他} \end{cases} \right)。$$

通过实现所有能力的各自体系结构系统和接口的设置，确定体系结构集合 b 中最优适配值的最佳体系结构 $\overline{A_{\mathrm{SoS}},\overline{ab}}$：

$$\overline{A_{\mathrm{SoS}},\overline{ab}} = \sum_{i=1}^{n} A_i,\overline{ab} \left| \exists \left(S_j \in \overline{A_{\mathrm{SoS}},\overline{ab}} = \begin{cases} 1 & \sum_{i=1}^{n} S_{ij} \in A_i, \quad \forall j \\ 0 & \text{其他} \end{cases} \right) \right.$$

$$\bigcup \left(I_k \in \overline{A_{\mathrm{SoS}},\overline{ab}} = \begin{cases} 1 & \sum_{i=1}^{n} r_{ik} \in A_i, \quad \forall k \\ 0 & \text{其他} \end{cases} \right)。$$

最终体系结构空间最优体系结构 $\overline{\overline{A_{\mathrm{SoS}}}}$，带有一个最适宜的适配值 $\overline{\overline{\varphi_{\mathrm{SoS}}}}$。

（5）如果 CFitness(new) $\geq$ CFitness(i)，新染色体加入新的种群中，否则，保存原来的染色体。

（6）结束。

7）算法终止

遗传算法自身并不能知道什么时候结束搜索，需要设定一定的终止规则，常见的终止规则包含进化的代数、计算的时间、种群中最优染色体的适配值不发生变化的代数等。在选择操作过程中总能将种群中适配值最大的染色体复制下来，遗传算法的终止规则设置为连续 20～50 代适配值最大的染色体不变。当满足终止条件后，将依据适配值大小排序染色体（动态集成方案），输出结果供决策者参考。

4.4　网络信息体系演化评估方法

在本书中，主要考虑的是多标准和多层级构造的最优化。为了找到一个多标准最优化的办法，可以用一个模糊的模型代替评估属性。优选后的体系结构根据外部环境和内部因素的驱动进行演化，演化后的体系结构质量如何是体系设计者关心的问题，需要对演化后的体系结构进行评估，为体系设计者提供建设方案的可行性参考。

现实中大量的模糊性现象使评判无法给出确切的值，基于评价过程的非线性特点提出模糊综合评判法，它根据模糊数学中的模糊运算法则，对非线性的评价论域进行量化综合，从而得到可比的量化评价结果。该方法根据评判标准，模糊评判对象中每单个因素，确定每单个因素相对于参考因素的重要程度，区分各个因素在综合评判中所占据的地位，得到综合评判结果。其基本思想是利用模糊线性变换原理和最大隶属度原则，考虑被评价事物相关的各个因素，对其做出合理的综合评判，对评估对象及评估方案的质量采用优、良、中、差等模糊概念来表示。该方法可以处理模糊信息，适合网络信息体系这样复杂交互式系统的评判。

其总体思路为，对元体系结构的每一条染色体进行优选，找出最优的染色体。在环境参数改变的情况下观察该染色体情况并进行模糊评估，从而实现对体系演化性能的有效预测。

设 F 为模糊评估方法，该方法将系统的性能映射到体系性能：

$$F, \text{SoS}.C_{g,n}: \text{System}.P_i \to P \, 。$$

设 F' 为多属性模糊评估规则，将体系性能映射到体系结构质量评分：

$$F': P \to \text{ArchitectureScore}.\text{SoS}.C_{g,n} \, 。$$

4.4.1　模糊综合评估的数学模型介绍

针对综合决策的一个有效的数学工具是模糊综合评估，其适用于影响因素具有层次性和影响程度具有不确定性的项目的评估。设集合 $U = \{u_1, u_2, \cdots, u_n\}$ 为影响评估的 n 种因素（或指标），$Q = \{q_1, q_2, \cdots, q_m\}$ 为 m 种评估。由于这 n 种因素所处的地位、作用、权重值不同，这 m 种评估无法实现绝对的肯定或否定。$R_{\text{fuzzy}} = [r_{ij}]_{n \times m}$ $(0 \leqslant r_{ij} \leqslant 1)$ 是 $U \times V$ 上的模糊关系，r_{ij} 表示因素 u_i 在 q_j 上的可能程度。同时，在各因素间建立权重向量，记为 $W = (w_1, w_2, \cdots, w_n), w_i \in [0,1]$ 且满足 $\sum_{i=1}^{n} w_i = 1, i = 1, 2, \cdots, n$。

定义 4.1 综合评估的数学模型：

$$B = A \circ R_{\text{fuzzy}}$$

式中，$B = \{b_1, b_2, \cdots, b_m\}$ 为 Q 上的一个模糊子集，描述在评估集上各决策的可能程度，是评估的最终依据。

模糊数学为了研究模糊性，把普通集合的特征函数的取值范围从 $\{0,1\}$ 扩大到闭区间 $[0,1]$ 连续取值，称为隶属度函数 $u(x)$，满足 $0 \leqslant u(x) \leqslant 1$。

定义 4.2 模糊集合[162]：论域 $X' = \{x\}$ 上的模糊集合 $\tilde{A}$ 由隶属度函数 $u_{\tilde{A}}(x)$ 来表征，其中 $u_{\tilde{A}}(x)$ 在实轴的闭区间 $[0,1]$ 上取值，$u_{\tilde{A}}(x)$ 的值反映了 X' 中的元素 x 对于 $\tilde{A}$ 的隶属程度。

这就是说，论域 $X' = \{x\}$ 上的模糊集合 $\tilde{A}$ 是指 x 中的具有某种性质的元素整体，这些元素具有某个不分明的界限。对于 X' 中任一元素，只能根据某种性质，用一个 $[0,1]$ 上的数来表示该元素从属于 $\tilde{A}$ 的程度。

模糊集合完全由隶属度函数刻画。$u_{\tilde{A}}(x)$ 的值接近于 1，表示 x 隶属于 $\tilde{A}$ 的程度很高；$u_{\tilde{A}}(x)$ 的值接近于 0，表示 x 隶属于 $\tilde{A}$ 的程度很低。$u_{\tilde{A}}(x)$ 的值域为 $\{0,1\}$ 时，$u_{\tilde{A}}(x)$ 演化为普通集合特征函数 $u_A(x)$，$\tilde{A}$ 便演化成一个普通集合 A，由此可以说模糊集合是普通集合的一般化。

对于任意 $x \in X'$，都存在唯一确定的隶属度函数 $u_{\tilde{A}}(x) \in [0,1]$ 与之对应。对于论域为 X' 的模糊集合 $\tilde{A}$ 可以表示为

$$u_{\tilde{A}}(x): \quad X' \to [0,1],$$

即 $u_{\tilde{A}}(x)$ 是从 X' 到 $[0,1]$ 的一个映射，确定了唯一的模糊集合 $\tilde{A}$。

4.4.2 网络信息体系质量多属性模糊评估体系

1. 评估属性

建立网络信息体系性能评估体系是进行性能评估的前提，虽然体系结构的相关属性能够评估体系层面的一些性能，但是对于体系特有的性能属性研究不多。模糊综合评估中，建立一个科学、合理、实用的评价指标体系是进行科学决策的

关键。在研究网络信息体系这样的复杂对象时，单个指标难于反映研究对象的主要特征，需要使用指标体系进行对象研究。

构建体系的主要目的是应对使命任务，需要体系具备相应的能力，体系的构建最为关心的是体系提供的功能、性能、建设成本及抗毁性等。因此把体系的性能作为首要评估指标，其次体系的建设要在可控成本之内。在此基础上，需要体系在应对打击时可以自我修复，抗毁性和修复能力强。因此，本书把网络信息体系最关注的四个性能属性作为评估体系层体系结构的指标，分别是性能（performance）、可购性（affordability）、灵活性（flexibility）和鲁棒性（robustness）。这四个属性相互独立，彼此之间没有相互依赖性。

定义 4.3　性能，成员系统为体系提供的某项能力之和。

定义 4.4　可购性，实现和发展接口协同工作与系统运作的所有花费。

定义 4.5　灵活性，体系的每个需求能力有多种来源途径，是每个需求能力对应的系统结构实现方案个数。

定义 4.6　鲁棒性，当系统不能提供预期的能力时，为保证整个体系的能力，成员系统、接口及它们的数量相应改变。

定义 4.7　属性集合 $V = \{Pe, Af, Fl, Ro\}$，Pe 表示性能，Af 表示可购性，Fl 表示灵活性，Ro 表示鲁棒性。

每个系统能提供的性能水平和需要的建设费用是不同的，有些系统能提供高性能，但建设经费可能较低，这是个综合评判的过程。根据先验知识确定网络信息体系每个属性在评价指标中的权重：

$$W = [w_1, w_2, w_3, w_4]。$$

2. 体系演化模糊评估规则

目前不能十分精确地评估体系结构集的性能，这是因为属性值本身是模糊的，而在连续交互的体系评估中属性值之间有重叠，没有明确的界限，所以精确评价体系的等级、给出一个精确的评估值很困难[163]。由于属性值之间存在交叠，即使对一个体系结构进行评估，不同的评估者也会得出不同的结果。因此，采用模糊评估的方法对网络信息体系进行评估。借鉴 Dauby 和 Dagli 提出的方法[159]，本书将体系结构质量评估简化分成四个等级，分别为不合格（不可接受的）、合格（最低可接受的）、良好（达到目标）、优秀（高于要求），一个属性值域对应相应的质量等级，评估等级为良好及以上的是可采纳的体系结构。设定评语集为

$$Q = \{不合格(unacceptable), 合格(average), 良好(good), 优秀(excellent)\}。$$

在体系演化过程中体系要素的变化会改变体系的质量等级。对于模糊评估，不可能给出精确的隶属度函数值，所以隶属度函数取值为 0～1。图 4-1 描述体系质量等级到隶属度函数的映射。

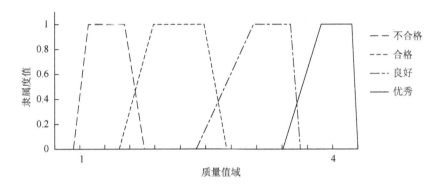

图 4-1　体系质量等级到隶属度函数的映射

对于选定的评语集 Q={不合格，合格，良好，优秀}，设其相应评语集的取值范围区间为 (x_1,x_2,x_3,x_4,x_5)，即不合格的取值区间为 (x_1,x_2)，合格的取值区间为 (x_2,x_3)，良好的取值区间为 (x_3,x_4)，优秀的取值区间为 (x_4,x_5)。设 c_1、c_2、c_3、c_4 分别为区间 (x_1,x_2)、(x_2,x_3)、(x_3,x_4)、(x_4,x_5) 的平均值，体系的评价指标在评语集 Q={不合格，合格，良好，优秀}上的隶属度函数为

$$u_1(x)=\begin{cases} 1 & x_1 \leqslant x \leqslant x_2 \\ \dfrac{x-c_2}{x_2-c_2} & x_2 < x < c_2 \\ 0 & \text{其他} \end{cases},$$

$$u_2(x)=\begin{cases} \dfrac{x-c_1}{x_2-c_1} & c_1 < x < x_2 \\ 1 & x_2 \leqslant x \leqslant x_3 \\ \dfrac{x-c_3}{x_3-c_3} & x_3 < x < c_3 \\ 0 & \text{其他} \end{cases},$$

$$u_3(x)=\begin{cases} \dfrac{x-c_2}{x_3-c_2} & c_2 < x < x_3 \\ 1 & x_3 \leqslant x \leqslant x_4 \\ \dfrac{x-c_4}{x_4-c_4} & x_4 < x < c_4 \\ 0 & \text{其他} \end{cases},$$

$$u_4(x) = \begin{cases} \dfrac{x - c_3}{x_4 - c_3} & c_3 < x < x_4 \\ 1 & x_4 \leqslant x \leqslant x_5 \\ 0 & \text{其他} \end{cases}$$

通过模糊评估规则对体系结构的每个属性进行质量评估，给出评估值，然后通过加权计算得到体系结构的整体评估值。本书需要对体系结构集合中每一条染色体的每个属性进行质量评估，如果按照传统的评估规则进行体系结构质量的评估，每个属性的评估值都需要存储，如果属性改变及属性权重改变，将会造成重复计算，并且计算量巨大也过于复杂。本书将问题简化，将染色体的每个属性给出评分等级，分别是不合格表示不能实现、合格表示边界实现、良好表示可以实现、优秀表示优化实现。这样将属性评估值域对应为四个等级，节省了值空间，省略了中间过程，从而简化了体系结构质量评估方法。下面给出体系演化属性模糊评估规则，见表 4-3。

表 4-3　体系演化模糊评估规则

规则	模糊规则
如果一些属性不能实现，则体系能力不能实现	If (Pe is unacceptable) or (Af is unacceptable) or (Fl is unacceptable) or (Ro is unacceptable) then (SoS_Arch_Fitness) is unacceptable
如果所有的属性是优化实现，则体系能力为优化实现	If (Pe is excellent) and (Af is excellent) and (Fl is excellent) and (Ro is excellent) then (SoS_Arch_Fitness) is excellent
如果所有的属性是边界实现，则体系能力是边界实现	If (Pe is average) and (Af is average) and (Fl is average) and (Ro is average) then (SoS_Arch_Fitness) is average
如果所有属性是可以实现的，则体系能力是优化实现	If (Pe is good) and (Af is good) and (Fl is good) and (Ro is good) then (SoS_Arch_Fitness) is excellent
如果性能和可购性是优化实现，但灵活性和鲁棒性是边界实现，则体系能力为可以实现	If (Pe is excellent) and (Af is excellent) and (Fl is average) and (Ro is average) then (SoS_Arch_Fitness) is good
如果四个属性中有三个是边界实现，则体系的能力为边界实现	If (Pe is average) and (Af is average) and (Fl is average) and (Ro is good) then (SoS_Arch_Fitness) is average
	If (Pe is average) and (Af is average) and (Fl is good) and (Ro is average) then (SoS_Arch_Fitness) is average
	If (Pe is average) and (Af is good) and (Fl is average) and (Ro is average) then (SoS_Arch_Fitness) is average
	If (Pe is good) and (Af is average) and (Fl is average) and (Ro is average) then (SoS_Arch_Fitness) is average

对性能、可购性、灵活性和鲁棒性四个属性进行评估，再通过这些规则得到整个体系的体系结构质量。

本书采用多级模糊综合评判，对性能、可购性、灵活性和鲁棒性四个属性采用一级模糊评判，用于体系层评估。对每个属性评判进行指标的细化评价。

3. 体系多属性评估方法

1）对评估指标进行分级

（1）将体系层评估指标 U 划分成四个子集：U_1 表示性能，U_2 表示可购性，U_3 表示灵活性，U_4 表示鲁棒性。

由 3.2 节的描述可知体系的性能水平是体系的能力之和，即

$$U_1 = \{C_1 + C_2 + \cdots + C_m\}。$$

将子集 U_1 再划分为 m 个子集，作为二级子集，即 $U_i = \{u_{i1}, u_{i2}, \cdots, u_{im}\}$，$i=1$，$2, \cdots, s$，且满足条件：

$$\sum_{i=1}^{s} m_i = m，\bigcup_{i=1}^{s} U_i = U，U_i \bigcap U_j = \varnothing，i \neq j。$$

进一步分析，C_i 由若干个系统和系统接口实现，$C_i = \{S_1, S_2, \cdots, S_i, I_{12}, \cdots, I_{ij}\}$。将 u_{ij} 再进行子集划分，作为三级子集。

（2）对每一评估指标 U_i，给出评语集 Q，设 $Q = \{q_1, q_2, \cdots, q_n\}$，$U_i$ 中的每个因素的权重分配为 $W_i = (w_{i1}, w_{i2}, \cdots, w_{im})$，其中 $\sum_{t=1}^{m} w_{it} = 1$。

（3）将每个指标 U_i 中的每个因素 u_{ij} 看成是单独的一个因素，利用一级模糊综合评判，一级模糊综合评判结果则构成指标 U_i 的模糊评价向量 R_i。每个 U_i 的评判向量 R_i 构成指标集 U 二级评判的模糊评判矩阵

$$B = \begin{pmatrix} B_1 \\ B_2 \\ \vdots \\ B_s \end{pmatrix} = \begin{pmatrix} A_1 \circ R_1 \\ A_2 \circ R_2 \\ \vdots \\ A_s \circ R_s \end{pmatrix}，$$

则指标集 U 的模糊综合评判结果为 $B = A \circ R_{\text{fuzzy}} = (B_1, B_2, \cdots, B_s)$。

2）指标评价模型

（1）设 $U = \{U_1, U_2, U_3, U_4\}$ 是评估体系指标集，分别表示性能、可购性、灵活性和鲁棒性（4.4.2 节描述定义的体系评估的四个评价指标）。

（2）设 $W = \{w_1, w_2, w_3, w_4\}$ 是指标权重集，w_1 表示第一个指标在指标集 U 中的权重，$\sum_{i=1}^{4} w_i = 1$。

（3）设 $Q = \{q_1, q_2, q_3, q_4\}$ 是评语集，q_1 表示优秀，q_2 表示良好，q_3 表示合格，q_4 表示不合格。

（4）从 U 到 Q 的模糊关系，用模糊关系矩阵 R_{fuzzy} 来描述：

$$R_{\text{fuzzy}} = \begin{bmatrix} r_{11} & \cdots & r_{1j} \\ \vdots & \ddots & \vdots \\ r_{41} & \cdots & r_{4j} \end{bmatrix},$$

其中，r_{1j} 表示性能评价指标做出的第 j 级评价的隶属度，且有

$$r_{1j} = q_j \bigg/ \sum_{j=1}^{n} q_j, \ j = 1, 2, \cdots, n。$$

（5）运用模糊矩阵的运算方法，得到综合评价模型为 $B = A \circ R_{\text{fuzzy}} = (B_1, B_2, \cdots, B_n)$。

若 $\sum_{j=1}^{n} B_j \neq 1$，则采用"归一化"处理，$B$ 为 $\tilde{B} = (\tilde{B}_1, \tilde{B}_2, \cdots, \tilde{B}_n)$，其中，$\tilde{B}_j = B_j \bigg/ \sum_{j=1}^{n} B_j$，$j = 1, 2, \cdots, n$。

（6）设 $Q' = (q'_1, q'_2, \cdots, q'_n)^{\mathrm{T}}$ 为等级分数矩阵，其中 q'_j 表示第 j 级评语的分数。分数值域与评语集之间存在映射关系。

（7）利用向量的乘积，计算出最终评价结果 Z。

第5章 网络信息体系结构演化仿真模型的生成方法

5.1 引　言

网络信息体系演化是在考虑现有体系的基础上，通过调整体系的单元、结构、运作模式，使之能够适应体系的外因和内因的变化。因此，对网络信息体系的演化外因、内因、状态及性能的理论描述和评价工作，以及在此基础之上形成的演化条件的判断，是演化理论研究工作开展的基础。

本章主要分析针对网络信息体系结构演化的可执行体系结构的建模方法，用以描述体系结构的动力学过程和并发活动。首先对 Petri 网进行扩展，构建 CPN 动态仿真模型，动态模拟和评估现有的和演化后的体系结构，权衡体系结构构建方案。

5.2　CPN 方法

1962 年，Carl Adam Petri 在博士论文 *Communication with automata* 中首次使用网状结构模拟通信系统，这种系统模型被称为 Petri 网[164-166]。经过半个世纪的发展，Petri 网因为其可以图形化建模，比较直观，又可以数学化建模，所以应用广泛。开发的 Petri 网分析方法和技术既可用于静态的结构分析，又可用于动态的行为分析，适用于描述和分析作战任务的并发、异步和不确定性。Petri 网在网络协议、软件工程、人工智能、操作系统等计算机领域得到广泛应用[164-166]。在 Petri 网基础上建立 CPN 是一个强大的离散事件动态仿真工具，可以用来建模、仿真和评估现有的与不断演化的体系结构。Levis 用 CPN 建模和评估军事架构，将 UML 描述的静态结构转换成相一致的可执行结构[167]。本书是将体系演化模型转换成可执行模型，用于体系结构复杂性分析。成本作为体系结构演化的一个关键驱动因素，CPN 用来标志演化的体系架构复杂性和性能、空间权衡的探索、平衡复杂性和性能，针对演化的体系结构构建问题为体系决策者提供决策依据。体系结构模型抽象地描述系统复杂性，可视化系统用以分析问题领域，描述并指定解决方案领域的架构。美国国防部的体系结构框架 DoDAF[54]为体系结构的开发提供支持和指导，并取得了极大的关注和应用[154]。为了进一步简化验证的过程，确认和评估架构，Wagenhals 和 Levis[167]提出了一个可执行的 CPN 模型来模拟和评估面向服务的架构。Wang 和 Dagli[168]将集成系统建模语言 SysML 和 CPN 用到模型驱动系统的开发中，来指导结构化架构设计过程。Griending 和 Mavris[169]总结了 SoS 可执行架构建模的四种常用方法，分别是 Markov 链、Petri 网、系统动力学模型、数学图形。基于代理的模型（agent based modeling，ABM）是动态体系架构建模的另一个热门方法。DeStefano[170]使用 ABM 模型描述武器架构的可执行模型。每一种方法都具有其自身的优点和缺点。ABM 模型可以模拟体系与环境的交互，但它的缺点是计算工作量太大。CPN 模型可以描述体系与环境动态交互过程而无须大量的详细的计算和值来解释系统的动态行为。因此，本书选择 CPN 来建模体系结构：①构建一个与静态架构相匹配的可执行架构，采用图形建模方法，模型直观易于理解；②构建的体系模型采用自顶向下的方法，所建模型层次分明，有良好的形式化描述方法，可以对体系架构进行抽象建模而不需要详细的数值描述；③可以表示和观察体系架构的动态和并发操作，可以清楚地描述系统内部的相互作用，如并发冲突等，特别适用于异步并发离散事件系统的建模。网络信息体系可以看作一个离散事件系统，通过 Petri 网模型分析体系演化过程。

在体系架构演化仿真研究方面，美国联邦航空局（Federal Aviation Administration，FAA）针对下一代的航空运输系统的架构演化[171]，提出广域信息管理系统（system wide information management，SWIM）架构演进的组织和技术度量，分成五个子维度。组织维度包括 SWIM 环境和利益相关方。技术维度包括网络服务和数据、服务和数据的获取及 IT 基础设施和核心服务组成。欧洲航空管理组织开发了针对航空运输管理（air transportation management，ATM）系统性能提升的逻辑架构的演化计划[172]，它通过增加资源、使用新的运作理念、采用新技术等方式来实现性能演化。除了上述一些机构对于体系性能演化的研究外，还有一些对体系架构演进的研究。例如，Jain[173]提出业务流程建模符号（business process modeling notation，BPMN）模型描述任务驱动的 IT 体系结构演化，聚焦功能性体系架构演化的要素。

在体系复杂性研究方面已有许多研究成果。Domercant 和 Mavris[174]结合两个不同的复杂性度量来描述体系结构的两个方面，分别是系统和功能、接口和结构方面。然而，这些复杂性度量主要着眼于静态结构和信息。Petri 网提供了一个框架解决系统操作和交互的复杂性。Arteta 和 Giachetti[175]使用 Petri 网处理基于状态空间的业务流程复杂性。Ammar 等[176]使用 CPN 的动态特性定量描述一个软件系统的整体复杂性。Fry 和 DeLaurentis[177]扩展 Ammar 等的研究，定义体系上下文，通过执行 CPN 模型获取的信息，捕获体系动态复杂性和静态复杂性。因此，Petri 网不仅可以描述体系的静态结构，也可以描述成员系统的动态相互作用。

网络信息体系是一个分布式作战体系，具有动态、并发、异步的特点，与 Petri 网有许多相似之处，Petri 网可以描述动力学过程和并发事件，通过库所、变迁、有向弧表示系统之间的信息流，CPN 通过扩展 Petri 网的库所，用颜色集合定义不同数据类型的库所。

传统的体系结构构建过程分成三个步骤：分析阶段、合成阶段和评估阶段[178]。分析阶段描述了体系结构的各项功能及成员系统的物理连接。在这个阶段需要做两方面的工作：第一，列出并描述体系结构的功能；第二，在现有系统集合中找出可用的提供这些功能需求的系统。以此为基础，形成不同的体系结构备选。合成阶段是将功能描述转换成相应的 CPN 模型。评估阶段度量性能和花费，定义复杂性，并将其作为衡量指标。实际上体系层会出现涌现的能力和性能。本书将系统响应时间作为指标说明模型方法。

因此，Petri 网理论可用于网络中心化网络信息体系演化分析。目前对网络信息的构建分析都是假定体系不发生任何变化，而针对演化建模分析的研究较少。在第 3 章分析了体系演化过程之后，对 Petri 网方法进行了扩展，研究了体系演化模型、CPN 模型的转换方法，提出了基于 CPN 模型的体系演化分析方法，解决体系演化的分析问题。

5.2.1 Petri 网及 Petri 网系统的定义

CPN 是一种高级 Petri 网，通过进一步对库所/变迁系统抽象，拓展 Petri 网中的令牌，使之具有颜色集和类型属性，把数据结构与层次分解很好地结合起来，能够很好地模拟体系层和系统层的演化过程，也便于进一步简化模型结构。下面给出有关 CPN 的定义[179-180]。

定义 5.1 着色 Petri 网，是一个七元组，$\Sigma = (\text{Pl}, \text{Tr}, \text{Fo}, \text{Co}, \text{In}, O, M_0)$，其中：

（1）Pl 和 Tr 分别是库所和变迁的非空有限集，满足 $\text{Pl} \cap \text{Tr} = \varnothing, \text{Pl} \cup \text{Tr} \neq \varnothing$；

（2）$\text{Co} = \{\text{Co(pl)}, \text{Co(tr)}\}$ 是颜色集合，其中，Co(pl) 是与每个库所有关的颜色集，Co(tr) 是与每个变迁有关的颜色集；

（3）着色库所集为 $\overline{\text{Pl}} = \{(\text{pl}, c) \mid \text{pl} \in \text{Pl}, c \in \text{Co(pl)}\}$，着色变迁集为 $\overline{\text{Tr}} = \{(\text{tr}, c) \mid \text{tr} \in \text{Tr}, c \in \text{Co(tr)}\}$，In 和 O 分别为输入、输出函数矩阵，则 $\text{In} = \overline{\text{Pl}} \times \overline{\text{Tr}}, O = \overline{\text{Tr}} \times \overline{\text{Pl}}$（× 是笛卡儿积）；

（4）M_0 为初始标志。

定义 5.2 带时间表示的 Petri 网为一个五元组，$\text{TPN} = (\text{Pl}, \text{Tr}, \text{Fo}, M, \text{Ti})$ [181-183]，其中：

（1）Pl 为有限、非空库所集，表示成圆形节点；

（2）Tr 为有限、非空变迁集，表示成方形节点；

（3）Fo 为库所与变迁之间的有向弧集合，有 $\text{Fo} \subseteq (\text{Pl} \times \text{Tr}) \cup (\text{Tr} \times \text{Pl})$，$\text{dom(Fo)} \cup \text{cod(Fo)} = \text{Pl} \cup \text{Tr}$，其中，$\text{dom(Fo)} = \{x \in \text{Pl} \cup \text{Tr} | \exists y \in \text{Pl} \cup \text{Tr}, (x, y) \in \text{Fo}\}$，$\text{cod(Fo)} = \{x \in \text{Pl} \cup \text{Tr} | \exists y \in \text{Pl} \cup \text{Tr}, (y, x) \in \text{Fo}\}$，$\text{dom(Fo)}$ 代表 Fo 中库所到变迁的有向弧集合，cod(Fo) 代表 Fo 中变迁到库所的有向弧集合；

（4）M 用来表示变迁过程中令牌在各个库所的分布状态，$(\text{Pl}, \text{Tr}, \text{Fo}, M)$ 是一个原始的 Petri 网，$\text{Pl} \cup \text{Tr} \neq \varnothing$，$\text{Pl} \cap \text{Tr} \neq \varnothing$，对于任意变迁 $\text{tr} \in \text{Tr}$，如果 $\forall \text{pl} \in \text{Pl}$，$\text{pl} \in {}^{\cdot}\text{tr} \rightarrow M(\text{pl}) \geqslant 1$，则说明变迁 tr 在标志 M 有发生权，记为 $M[\text{tr} >$，若 $M[\text{tr}$，tr 发生后得到新的标识 M'，对 $\forall \text{pl} \in \text{Pl}$，有

$$M'(\text{pl}) = \begin{cases} M(\text{pl}) - 1 & \text{pl} \in {}^{\cdot}\text{tr} - \text{tr}^{\cdot} \\ M(\text{pl}) + 1 & \text{pl} \in \text{tr}^{\cdot} - {}^{\cdot}\text{tr} \\ M(\text{pl}) & \text{其他} \end{cases}$$

${}^{\cdot}\text{tr}$ 和 $\text{tr}^{\cdot}$ 分别代表变迁 tr 的输入库所集和输出库所集；

（5）Ti 是定义在变迁集上的时间区间函数，$\text{Ti}: \text{Tr} \rightarrow \mathbb{R} \times (\mathbb{R} \cup \{+\infty\})$，$\mathbb{R}$ 表示非负实数集。

5.2.2　Petri 网扩展描述

国防科学技术大学 C4ISR 技术重点实验室建立了基于对象 Petri 网的建模仿真环境（OPMSE），它对 Petri 网模型进行了如下的扩展[184-185]。

（1）扩展了 Petri 网的转移：增加了转移执行时间、转移的优先级、附加的转移点火条件（谓词）、转移执行的动作函数及针对转移的事件处理函数。并在运行时能统计关于转移的各种参数（平均服务时间、最大服务时间、最小服务时间、点火次数等）。其中，转移执行时间是用脚本描述语言支持的函数，这样可以用脚本语言支持各种随机分布（系统内部提供了 10 组相互独立的 21 种常用的随机数发生器），用户还可以自行扩充。转移点火条件函数、转移执行动作函数和事件处理函数等也都是用脚本语言支持的。

（2）扩展了 Petri 网的位置：增加位置的类型，以脚本描述语言方式提供了对位置的事件处理函数，提供了队列最大长度、最小长度、最大等待时间、最小等待时间、平均等待时间、令牌的总输入量和输出量等统计性值。

（3）扩展了令牌的属性：增加了令牌的类型、令牌属性表等。

（4）增加了"对象"类型元素，可以用来引用其他类。这样，一个大的模型可以分解成许多小的对象模型，通过小的对象模型的组合重构原模型。

（5）增加了"端口"类型元素，用来处理与其他类的交互。

5.3　网络信息体系结构演化的 **Petri** 网模型构建过程

对于网络信息体系结构演化的 Petri 网模型构建过程主要有三个阶段，如图 5-1 所示。

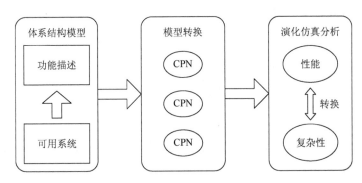

图 5-1　体系结构 Petri 网模型构建过程

（1）体系结构模型，描述的是静态体系的物理结构和功能。对构成体系的成员系统的功能进行描述，建立体系结构静态模型。在规划体系建设方案时，有多种系统选择方案实现同一个能力。

（2）模型转换，将体系结构的功能描述模型转换成 CPN 模型。

（3）演化仿真分析，对体系结构的复杂性进行仿真。由 4.3 节分析可知，体系结构能力和性能是多目标、多属性的，为了描述基于 Petri 网仿真的网络信息体系结构演化分析方法，将系统响应时间作为体系性能指标进行评估。

转换的基本原理是，利用体系结构与 CPN 模型之间的对应关系，形成元素之间的映射。从体系结构的顶层至底层逐层进行转换，所有的要素都有明确的名称及定义，转换规则如下[179]。

*R*1：功能信息，也就是功能及功能发生变化的条件转换为相应的库所，令牌状态的属性转化为令牌的属性。

*R*2：执行功能，作为事件转换变迁 tr。

*R*3：每个功能都有输入和输出信息。输入信息为功能变化前必须具备的信息，输入信息分为两类，即来自外部资源的信息和内部另一项活动输出的信息。输出信息为功能动态变化产生的信息，能应用于模型中的其他活动。

*R*4：功能图中处理的对象映射为库所中的令牌。

*R*5：相邻功能的时序关系或逻辑关系转换为有向弧 Fo。

*R*6：由于每个功能包括系统结构，本书引入复杂变迁和 CPN 子网的概念，体系层映射为主 Petri 网，底层系统映射为子 Petri 网。相应地，在 Petri 网描述中，将变迁分为两种，即基本变迁 tr 和复杂变迁 tr′。子活动映射基本变迁，父活动映射复杂变迁，复杂变迁有其内部结构、内部行为和内部状态。子网模型增加 pl^s 和 pl^f 两个库所与初始变迁 tr^s 及终止变迁 tr^f 两个瞬时变迁（执行时间为零），pl^s 和 pl^f 两个库所分别表示子网的开始和结束。这样有利于分层次地描述体系结构，不同的层次分析不同的问题，使得体系结构分析更加清晰明了。

*R*7：对 CPN 进行扩展，增加端口类型，复杂变迁 tr′ 增加内部的输入/输出端口，子网中的初始变迁 tr^s 与终止变迁 tr^f 增加外部输入/输出端口。

*R*8：对令牌进行扩展，增加了令牌的类型、属性。当令牌移动时，带有附加的数据信息。

图 5-2 和图 5-3 演示了功能转换 CPN 示例和复杂变迁内部的转换示例过程。

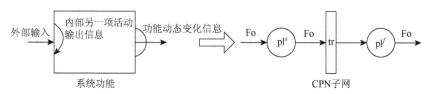

图 5-2　功能转换 CPN 示例

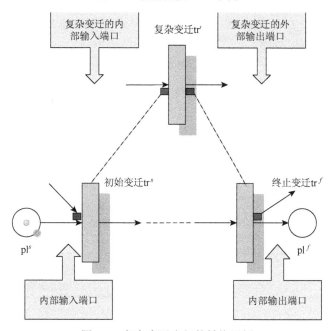

图 5-3　复杂变迁内部的转换示例

5.3.1 体系结构模型的转换规则

体系结构模型转换成 CPN 模型是指静态体系结构的拓扑结构转换为 CPN 模型。第 3 章定义了网络信息体系结构层次模型，在体系演化初始状态 T_0 时刻，体系结构的最底端是一个静态的物理模型，每个系统可以看作一个物理节点，节点及其连接关系构成相应的功能，而同一个功能可能通过不同的系统及连接关系实现。

本书将 3.2 节中的体系层次模型中系统功能层的每个独立的功能作为一个逻辑节点，构成了系统的层次结构。上层系统作为一个节点构成了体系的层次结构。功能之间有三种关系：①依赖关系；②功能的执行关系；③功能间的输入/输出关系。

所有的功能转换为相应的对象，即库所，构成集合 E_Func 并且可以检索，其形式化描述为：$\forall E\_Func_i \in E\_Func$，创建对象 φ_i，且 $\varphi_i.name = E\_Func_i.name$。

为每个对象 φ_i 创建输入和输出接口。设功能 E_Func_i 输入信息集合为 $E\_Func_i\_I_i$，输出信息集合为 $E\_Func_i\_O_i$，所有的功能的连接构成领域能力。

设 $E\_Func_i\_I_i \bigcup E\_Func_i\_O_i \neq \varnothing$；$\forall E\_Func_i\_I_i \in E\_Func_i\_I$，$\varphi_i.inports_j$ 为输入端口；$\forall E\_Func_i\_O_i \in E\_Func_i\_O$，$\varphi_i.outports_k$ 为输出端口。

网络信息体系结构中功能模型可进一步细化成实现功能的系统结构，系统结构可以进一步地用 Petri 网建模，此处先考虑体系结构功能 Petri 网模型。

变迁的转换规则如下：

（1）对象内部包括三个转移，即开始转移、结束转移、处理转移。为了简化模型，假设每个层次的对象都必须有且只有一个开始转移和一个结束转移。开始转移用于接收上级对象的输入信息，并判断输入信息是否满足点火条件。结束转移负责将处理好的信息有选择地输出给上级对象。假设开始转移和结束转移不占用任何资源和时间，处理转移与功能对应，占用资源和时间。

（2）对象的输入端口对应开始转移，对象的输出端口对应结束转移。表 5-1 给出参数描述。

表 5-1　Petri 网模型参数描述

参数名	含义
t_{is}	开始转移
t_{ip}	处理转移
t_{ie}	结束转移
$a_{is,ip}$、$a_{ip,ie}$	弧

参数满足 $N(a_{is,ip}) = (t_{is}, p_{ip})$，　$N(a_{ip,ie}) = (t_{ip}, p_{ie})$。

对象内部结构的转换规则形式化表示如下：N 是从集合 Fo 到集合 $(\text{Tr} \times \text{Pl}) \cup (\text{Pl} \times \text{Tr})$ 的单射函数，表示弧的源和目的。同时，$\forall o_i.\text{inports}_j \in o_i.\text{InPorts}$，弧 $a_{ij,is}$ 满足 $N(a_{ij,is}) = (o_i.\text{inports}_j, t_{is})$。

$\forall o_i.\text{outports}_k \in o_i.\text{OutPorts}$，弧 $a_{ie,ik}$ 满足 $N(a_{ie,ik}) = (t_{ie}, o_i.\text{outports}_k)$。$E\_\text{Func}_i$ 的转换后的 Petri 网模型如图 5-4 所示。

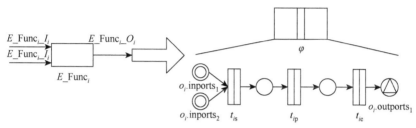

图 5-4　对象的内部结构转换示例

圆圈 "○" 代表位置；矩形 "▯" 表示转移；从节点 x 到 y 的箭头（有向弧）表示有序偶 $(x,y)[(x,y) \in \text{Fo}]$

容量表示每个位置存储资源的最大数量，标志 $M(p)$ 表示位置 p 中的实际资源数，用黑点 "·" 表示，将其称为令牌（token）。每个位置中的令牌数表示了该位置的状态，所有位置的状态综合起来反映了系统的状态。

将体系结构的层次模型转换成 CPN，隐藏子网内部结构，在对功能进行描述时，用来抽象组合与验证无关的系统结构，在建模时集中于相应的层次，使体系结构模型具有良好的结构，便于对其分析。具体做法为，将暂不执行的子 Petri 网用复杂变迁 tr′ 代替，并对变迁 tr′ 进行着色，从而简化 Petri 网结构。在没有点火的情况下，描述的是静态的体系功能和静态的体系结构。点火之后动态仿真体系结构的选择过程，不同的选择给出不同的变迁序列和标志集，从而预测网络信息体系结构选择质量。

5.3.2　体系演化模型的转换规则

战场环境中面临的威胁的变化使得作战任务发生变化，也是构成体系演化的动因之一。本书主要介绍动态模型转换方法，将演化动因简化为使命任务数量的变化，存在作战任务集合 $M_{\text{com}} = \{m_1, m_2, \cdots, m_n\}$。演化约束为每个功能的建设期限 d_i 和资金 f_i，构成的每个功能都有系统集 S，系统集里的每个系统 S_i 都有建设期限和资金权重。作战任务数量作为初始输入、点火条件。

功能 E_Func_i 的实现需要判断约束条件 d_i 和 f_i，将约束条件 d_i 和 f_i 加入 CPN

模型，点火时先判断是否满足约束条件，满足条件的变迁点火。如果几个变迁同时满足条件，则根据事先给出的点火概率点火。

在库所和令牌的属性中分别增加时间属性和成本属性。

1. 设置令牌时间

在体系演化过程中，一个任务是一个转换，转移通过令牌的流动实现。给令牌设置一个时间属性，作为变迁发生的时间。例如，某型导弹为一个令牌，设定击毁敌机的时间就是给令牌设定时间属性。

设令牌 $ct_i \in CT$，则 $d_i = SetTokenTime(ct_i, TimeValue)$，其中，SetTokenTime 为设置着色令牌时间属性函数，TimeValue 为时间的分布函数。

2. 设置令牌成本

处理某个令牌需要消耗成本。例如，将一枚导弹作为一个令牌，发射一枚导弹的费用就是这个令牌的成本。

设令牌 $ct_i \in CT$，则 $f_i = SetTokenCost(ct_i, CostValue)$，其中，CostValue 为成本的分布函数，函数的返回值为成本值。

3. 令牌选择

变迁选择有同时和先后两种情况，p_i 为每个分支点火条件概率，E_d_i 为输入集合，E_d_j 为输出集合。变迁转移 tr_{ij} 的参数设置为 $SetTransRate(tr_{ij}, p_i)$，其中，SetTransRate 为设置转移发生概率的脚本函数，p_i 为转移 tr_{ij} 点火的概率，且满足 $\sum_{j=1}^{N} tr_{ij} = 1$，其中 N 为集合 E_d_j 中元素的个数。

5.3.3 体系结构演化复杂度描述方法

使命任务的变化及约束条件的变化，使得体系的功能发生变化，随之而来的是体系结构发生变化，期望能够描述体系结构复杂性，从而预测体系结构各种演化的结果，给体系建设决策者以参考。

对于不同的战场环境，引导不同的网络信息体系功能的构建。对于不同的战场环境，不同的军事背景会给出不同的策略。每一个作战需求，都会有一个功能集合，并产生一个与之相关联的变迁路径，每个功能在此作战场景中的权重由军事专家根据经验给出。Petri 网作为系统描述和分析的工具，除了具有以上静态结构外，还包括了描述系统动态行为的机制，网的静态结构描述系统的结构，而动态特征则描述系统的行为。

体系结构动态演化流程：作战任务作为演化动因，应对任务的实现，构建不同的体系结构，每一种体系结构得到不同的输出。

一般来说，系统的复杂行为可以通过复杂度来刻画。分析面向网络信息体系结构演化的复杂性，包括静态结构复杂性、功能复杂性和并发复杂性。因为 CPN 模型中变迁映射的是网络信息体系结构的功能实现，体系结构的演化过程可以用变迁和变迁路径来刻画。

1. 静态结构复杂性

静态结构复杂性主要是系统间拓扑结构的复杂性，Petri 网模型中，变迁的执行使得令牌发生流动，代表了信息的流动过程。体系演化到稳定状态，变迁集合表示了一个演化周期内可达路径，点火令牌的个数及其分布情况就随着变迁的执行而发生变化，标志 M 描述了体系的状态。一个网系统的全部可能运行状态由它的基网和初始标志 M_0 完全确定，按照变迁规则可以给出相应的标志。但是，选择不同的变迁点火产生不同的变迁序列和标志集，静态的体系结构复杂度可以表示为

$$\sum_{k=1}^{i} \text{st}_k \sum_{i=1}^{m} d_i^{\text{F}} + \sum_{j=1}^{n} d_j^{\text{F}} 。$$

式中，st_k 表示变迁的个数；d_i^{F} 表示一个变迁的输入度数；d_j^{F} 表示一个变迁的输出度数。

本书通过变迁点火运行随机选择不同的体系结构构建方案，形成不同的状态集，变迁序列和标志集表现出体系结构的复杂性，通过统计变迁数目和变迁的输入/输出个数描述其静态结构的复杂性。

2. 功能复杂性

在 CPN 模型中状态集映射的是网络信息体系的功能集。通过动态运行描述体系结构功能复杂性。不同的变迁点火会给出不同的结果，因此，给定一个变迁的点火概率。例如，针对不同的能力需求和战场环境给出不同的体系结构构建策略，不同的作战任务要求体系提供与之对应的功能，而对作战任务的实现会产生一个变迁集序列，每个策略选择都会有对应的变迁集序列。

每条库所路径 k_{th} 分配权重 w_k，给出变迁 tr_i 的点火概率 p_i，d_i^{F} 是变迁 tr_i 的输入度数。通过 CPN 仿真模型运行，点火自动运行。在 t_0 时刻，体系结构处于"完全有序"的状态，描述的是当前静态的体系结构，随着体系结构演化开始，$t_0 + \Delta t$ 时刻，描述其全部可能的运行状态。因此，所有变迁的点火总数代表了体系的功能，点火总数计算通过下式进行：

$$\sum_{k=1}^{n} w_k \left(\sum_{i=1}^{m} d_i^{\text{F}} p_i \right) 。$$

3. 并发复杂性

在体系演化的动力学过程中，存在并发现象，要求对资源进行共享。例如，为实现敌方目标发现这个功能，需要多个传感器联合构成传感器系统才能实现。多个传感器的连接增加了实体互联，不仅仅是简单地增加传感器，因实体之间的信息交互、互操作等特性变得复杂，还需要了解实体之间的冲突。并发描述了系统间交互的复杂性，通过度量资源冲突描述并发复杂性，其计算通过下式进行，

$$\sum_{k=1}^{n} w_k \left(\sum_{i=1}^{m} \frac{\mathrm{ccf}_i d_i^{\mathrm{F}} p_i}{f_i^{\mathrm{T}}} \right) 。$$

ccf_i 表示在整个体系演化仿真运行过程中变迁输入的最大数，f_i^{T} 表示变迁 tr_i 的点火次数。

5.4　网络信息演化策略分析仿真案例

5.4.1　海面舰艇防御体系功能描述

本节以单舰反导作战任务为例进行上述仿真方法的分析。假定有这样一场海上战斗：我方通过某型舰艇的舰载雷达（中高空警戒雷达和低空雷达）探测到一枚敌方来袭导弹，我方命令进行目标识别和跟踪，同时将来袭导弹轨迹信息传送到舰载指控系统，快速进行威胁评估排序，生成战术辅助决策方案，指定打击武器。武器平台通知打击，武器给予应答，并实施导弹拦截，战斗结束。

上述战斗的作战任务是拦截并摧毁敌方入侵导弹。为了完成使命任务需要构建一个网络信息体系，称为海面舰艇防御体系（surface warship system of systems，SWSoS）。

首先分析 SWSoS 具备的功能和可以提供功能的系统，具体分析描述如表 5-2 所示。

表 5-2　海面舰艇防御体系功能描述

功能	提供功能的可选择系统
搜索敌方区域	海上舰艇平台、雷达、小型无人侦察机 LT-800
发现敌方目标	海上舰艇平台、雷达、小型无人侦察机 LT-800
分析数据	海上舰艇平台
目标识别	海上舰艇平台、雷达、小型无人侦察机 LT-800
跟踪目标	海上舰艇平台、雷达、小型无人侦察机 LT-800
应答	海上舰艇平台、雷达、小型无人侦察机 LT-800
分配武器	海上舰艇平台
打击	CX-1 反舰导弹、C705 导弹、直 10 武装直升机（Z-10）
评估攻击效果	海上舰艇平台、雷达、小型无人侦察机 LT-800

假定战场环境发生了变化，如威胁增加了，根据体系结构设计师的经验，要求海面舰艇防御体系的某个功能加强，需要增加一些系统。外因促使体系结构发生变化。假设需要增加海上舰艇平台的打击能力，通过决策给海上舰艇平台增配新型空对舰导弹系统和舰对舰导弹系统。在现有可用的武器系统中实现打击功能的备选武器系统有小型无人侦察机 LT-800、CX-1 反舰导弹和直 10 武装直升机（Z-10）。

5.4.2　模型的动态演化 CPN 模型

为了增强海上舰艇平台打击能力，不同的体系结构选择会有不同的功能，从而能力实现的程度也不同，但体系结构的选择是一个综合考虑。根据能力需求，当前的体系结构和演化的体系结构方案如图 5-5 所示，图 5-5 给出了三种体系结构，分别为 A_0、A_1、A_2。

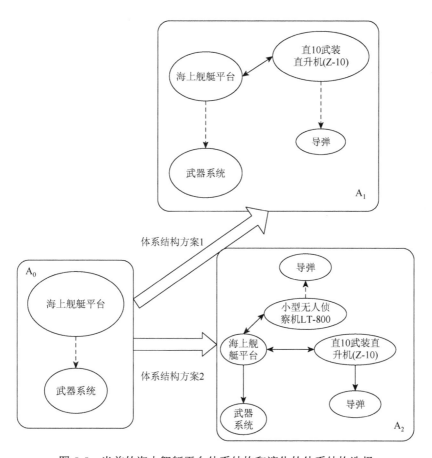

图 5-5　当前的海上舰艇平台体系结构和演化的体系结构选择

利用 5.3 节体系结构的 Petri 网建模方法，构建海上舰艇平台体系的 CPN 模型，并仿真模拟体系结构动态演化。体系的每个功能对应 CPN 中的库所，功能的实现对应 CPN 中的变迁。海面舰艇防御体系的 CPN 模型如图 5-6 所示，通过点火实现每种可能的体系结构演化的仿真。

图 5-6 中 Pl_0 表示面临的威胁，通过分析给出任务数量，$Pl_1 - Pl_{10}$ 分别表示海上舰艇平台体系的功能。CPN 模型中库所的含义见表 5-3。

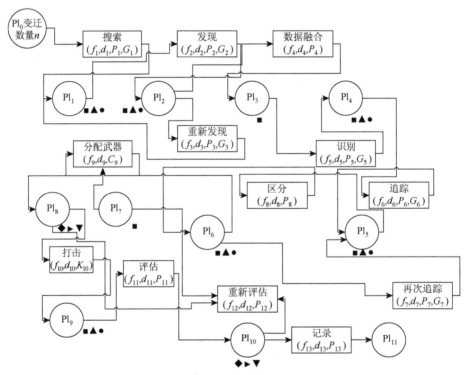

图 5-6　根据海面舰艇防御体系建立的 Petri 网模型

成员系统的符号：■表示海上舰艇平台；▲表示雷达；●表示小型无人侦察机 LT-800；◆表示 CX-1 反舰导弹；
▶表示补给舰类 C705 导弹；▼表示直 10 武装直升机（Z-10）

表 5-3　CPN 模型中库所的含义

库所符号名称	库所含义	所需资源
Pl_0	面临威胁	任务、外部环境
Pl_1	探测导弹	■▲●
Pl_2	发现导弹	■▲●
Pl_3	数据分析	■

库所符号名称	库所含义	所需资源
Pl₄	识别导弹	■▲●
Pl₅	追踪导弹	■▲●
Pl₆	信息传输与处理	■▲●
Pl₇	分配武器	■
Pl₈	相关成员系统应答	◆▶▼
Pl₉	评估威胁并生成决策方案	■▲●
Pl₁₀	武器装载量	◆▶▼
Pl₁₁	战斗结束	

根据 3.3.2 节的描述, 每个功能的实现受建设期限和资金及性能最低要求的约束。另外, 不同系统功能的实现有相应的参数设置, 其中, 设每个功能实现时间为 d_i, 所需资金为 f_i, 达到的性能要求为 P_i, 同时, 某些武器系统功能实现设置概率, 传感器检测概率为 G_i, 武器杀伤概率为 K_i, 武器装载能力为 C_i, 这些都是变迁运行的约束和输入参数。CPN 模型中变迁的含义见表 5-4。

表 5-4　CPN 模型中变迁的含义

变迁符号名称	变迁的含义	变迁约束、输入参数
tr₁	搜索	(f_1, d_1, P_1, G_1)
tr₂	发现	(f_2, d_2, P_2, G_2)
tr₃	重新发现	(f_3, d_3, P_3, G_3)
tr₄	数据融合	(f_4, d_4, P_4)
tr₅	识别	(f_5, d_5, P_5, G_5)
tr₆	追踪	(f_6, d_6, P_6, G_6)
tr₇	再次追踪	(f_7, d_7, P_7, G_7)
tr₈	区分	(f_8, d_8, P_8)
tr₉	分配武器	(f_9, d_9, C_9)
tr₁₀	打击	(f_{10}, d_{10}, K_{10})
tr₁₁	评估	(f_{11}, d_{11}, P_{11})
tr₁₂	重新评估	(f_{12}, d_{12}, P_{12})
tr₁₃	评估结果输出（记录）	(f_{13}, d_{13}, P_{13})

根据海面舰艇防御体系建立的 Petri 网模型如图 5-6 所示。

图 5-7 为使用 Petri 网模拟软件（HPsim）运行图 5-6 中的 CPN 模型的过程。

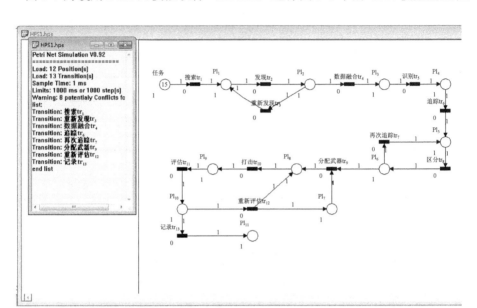

图 5-7　使用 HPsim 进行当前海面舰艇防御体系 CPN 模型的仿真

"○"表示变迁的时间；库所上的"1"表示容量；弧上的"1"表示权重

5.4.3　SWS 体系性能仿真分析

在仿真过程中，将系统的响应时间作为性能度量参数。该 CPN 模型有三个输入：①每个功能的实现时间；②传感器的检测概率和武器杀伤；③每架直升机导弹装载能力，这些概率和能力基于 Jacobson 的报告提出[186]。另外一个输入是使命任务的数量，随着使命任务的增加必然要求加入更多的系统，系统间的互操作性变得复杂，从而使得系统处理响应的时间增加。图 5-8 描述了应对相同的使命任务时，不同的体系结构的系统响应时间和体系构建复杂度。

假定任务量为 15，通过仿真分析知，前面给出的体系结构 A_0 较为简单，参与的系统较少，每个系统响应时间 $TR = 158ms$，体系构建复杂度 $AC = 73$，体系结构 A_0 的系统之间的互操作较少，系统多任务处理能力也较弱，因此系统响应时间也较慢。体系结构 A_1 中每个系统的响应时间 $TR = 134.7ms$，体系构建复杂度 $AC = 90.3$，体系结构的响应时间减少了，但随着 Z-10 系统加入体系，整个体系的构建复杂度增加。体系结构 A_2 中每个系统响应时间 $TR = 115.6ms$，体系构建复杂度 $AC = 116.3$，除了配备 Z-10 之外，还增加了小型无人侦察机并携带武器，更加增强了海上舰艇平台的侦察打击能力，显然体系结构 A_2 与其他两种体系结构相比有最优的性能，

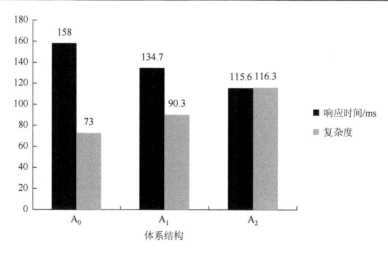

图 5-8　响应时间和复杂度比较

但结构也最为复杂，其复杂度最高，由于其系统间关联关系较为复杂，系统响应时间并没有下降多少。任务数量不可能无限增加，每个体系完成的任务量都有个上限值，这个值与系统的技术、系统间的互联个数上限都有关系。当任务量达到体系处理上限时，体系结构演化将会终止。本案例只是想描述 5.3.3 节所提出的模型生成方法，因此仿真时仅通过作战任务量的变化分析不同体系结构的响应时间和复杂度，如表 5-5 所示。这个分析结果用于体系构建者权衡哪一种体系结构更适应未来环境的变化，哪一种体系结构的演化是合理的，这种演化预测仿真使得决策层对体系结构的发展有判断的依据。

表 5-5　系统的响应时间和复杂度计算结果

体系结构	任务数量	结构复杂度	功能复杂度	连接复杂度	复杂度	响应时间/ms
A_0	3	30	21.97	19.84	71.81	124.3
	6	30	21.67	21.41	73.08	136.7
	9	30	21.13	18.37	69.5	147.4
	12	30	22.83	19.57	72.4	153.2
	15	30	21.67	20.33	72	158
A_1	3	40	26.07	18.51	84.58	99.7
	6	40	26.13	20.66	86.79	106.4
	9	40	26.31	22.11	88.42	119.6
	12	40	26.55	21.87	88.42	130.7
	15	40	26.63	23.67	90.3	134.7

续表

体系结构	任务数量	结构复杂度	功能复杂度	连接复杂度	复杂度	响应时间/ms
A₂	3	57	28.49	25.21	110.7	96.5
	6	57	28.61	27.6	113.21	98.7
	9	57	28.61	29.04	114.65	107.4
	12	57	28.54	30.57	116.11	113.7
	15	57	28.54	30.76	116.3	115.6

第6章 综合应用案例研究分析

6.1 引　言

面对新的威胁，目前的战略预警体系无法完成使命任务，需要体系具备新能力。在新的体系构建过程中，如何以较少的花费快速地升级现有体系，使新体系具备完成使命任务的能力。依据 3.2 节介绍的体系结构层次分析法分析体系能力构成，利用 4.3 节介绍的元体系结构优化方法找出最优体系结构，并对该体系结构进行演化仿真，最后用 4.4 节提供的多属性模糊评估方法进行体系结构质量的评估。本案例仅仅是一个简化的实验案例，主要用来佐证本书的一些理论方法和研究成果，实际的战略预警体系要复杂很多，但分析的方法和步骤是一样的。

6.2　案例背景介绍

战略预警体系是为早期发现、跟踪、识别来袭的远程弹道导弹、战略轰炸机和巡航导弹等战略武器并及时发出警报采取的措施。战略预警系统由天基、空基、陆基多种探测系统、信息处理系统和信息传输系统组成，是现代战略进攻武器系统和战略防御系统的重要组成部分。其任务是尽早探明来袭目标及其各种参数，处理所获信息，对来袭目标进行跟踪、识别，为军事决策、战略武器的使用及民防准备等实时地提供信息。根据预警对象的不同，需要采用不同的预警手段和配系。对弹道导弹的预警主要采用弹道导弹预警雷达和预警卫星，对战略轰炸机和巡航导弹等飞行器的预警主要采用地面远程警戒雷达和预警机。

6.3　战略预警体系模型描述

将战略预警体系作为应用案例进行分析，战略预警体系是一个典型的网络信息体系，该体系主要用于准确、快速地获取与处理所属区域的情报，以有效提高预警的快速反应能力，并提高武器系统的作战效能。战略预警体系由战略情报系统、战略预警系统、战场侦察监视系统和预警体系基础设施组成，如表 6-1 所示。

表 6-1　战略预警体系描述

序号	成员系统	系统描述
1	战略情报系统	对情报的获取、整合、协调
2	战略预警系统	接收战略情报系统的数据，给出预警判断
3	战场侦察监视系统	海、陆、空、天、电多方位的战场信息侦察监视
4	预警体系基础设施	在全军共用信息基础设施基础上，构建一体化的侦察情报通用服务系统，为上述三个系统提供通用处理、基础数据、传输网络、安全保密等基础平台

图 6-1 以拦截弹道导弹为例，给出一种战略预警构想[187]。

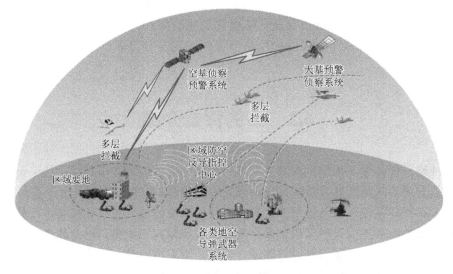

图 6-1　战略预警构想示意图

6.3.1　体系能力描述

成员系统和接口聚合为战略预警体系提供四种体系能力，即系统级能力、战略情报能力、战略预警能力、战场侦察监视能力，如图 6-2 所示。

1. 系统级能力

系统级能力是指侦察情报系统总体应具备的能力，涉及系统基础支撑、侦察指挥、情报获取、应用和服务等多个方面，主要包括信息化基础支撑能力、侦察

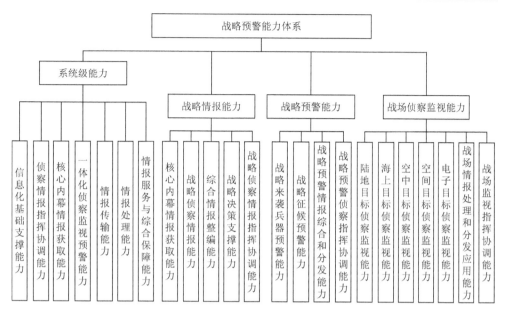

图 6-2 战略预警能力体系图

情报指挥协调能力、核心内幕情报获取能力、一体化侦察监视预警能力、情报传输能力、情报处理能力、情报服务与综合保障能力等。

2. 战略情报能力

战略情报能力主要包括核心内幕情报获取能力、战略侦察情报能力、综合情报整编能力、战略决策支撑能力、战略侦察情报指挥协调能力等。

3. 战略预警能力

战略预警能力主要包括战略来袭兵器预警能力、战略征候预警能力、战略预警情报综合和分发能力、战略预警侦察指挥协调能力等。

4. 战场侦察监视能力

战场侦察监视能力主要包括陆地目标侦察监视能力、海上目标侦察监视能力、空中目标侦察监视能力、空间目标侦察监视能力、电子目标侦察监视能力、战场情报处理和分发应用能力、战场监视指挥协调能力。

6.3.2 规划的未来战略预警能力需求

假设我军战略预警能力目标应达到以下要求（以下战略预警能力需求为场景假

设，并非真实要求）：2020 年前，可有效提供强敌和周边其他作战对手作战意图、军事部署和战备状态等战争征候情报；对周边 1000km 范围内弹道导弹发射场、远程轰炸机机场、核潜艇港口、重要军事基地具备持续侦察监视能力；对周边地区射程大于 900km 弹道导弹预警时间大于 10min；具备对东北、东南方向 1500km 纵深区域的战略轰炸机预警能力，预警时间大于 1h；具备对第二岛链内的航空母舰编队预警能力；能够对过境的空间目标实施有效侦察监视；具备对第一岛链内重点区域的核潜艇预警能力。2025 年前，对周边 3000km 范围内弹道导弹发射场、远程轰炸机机场、核潜艇港口、重要军事基地具备持续侦察监视能力；对全球南北纬 75°之间区域、射程大于 1000km 的陆基弹道导弹预警时间大于 5min；对射程大于 3000km 的弹道导弹预警时间大于 15min；对洲际弹道导弹预警时间大于 30min；弹道导弹预警发射点位置估计精度优于 25km，落点预报精度优于 150km，目标发现概率大于 0.96，系统虚警概率小于 0.7；具备对周边 1500km 纵深区域的战略轰炸机预警能力，预警时间大于 1.5h；具备对全球重点海域的航空母舰编队预警能力；具备对第二岛链内重点区域的核潜艇预警能力；能够对空间目标实施有效侦察监视；具备覆盖全球的核爆探测能力，具备对空间核试验的核爆探测能力，100KT 下的核爆探测距离大于 7000km，测向精度优于 1.5°，定位精度优于 4%，当量精度优于 40%。

而目前的指挥、监视和探测系统无法达到上述要求，需要在现有系统的基础上，用较少花费和最短时间升级防空战略预警体系，使得升级后的防空战略预警体系能够满足未来能力需求。

6.3.3　系统能力与体系能力相互关系描述

针对作战需求，分析构建的战略预警体系需要具备的能力，从而进一步分析需要系统为体系提供的能力。给出系统能力与体系能力相互关系矩阵，见表 6-2。

表 6-2　系统能力与体系能力相互关系矩阵

体系能力（系统子能力）		信息化基础支撑能力	侦察情报指挥协调能力	核心内幕情报获取能力	一体化侦察监视预警能力	情报传输能力	情报处理能力	情报服务与综合保障能力
战略情报能力	核心内幕情报获取能力	△		△		△	△	
	战略侦察情报能力	△			△	△	△	△
	综合情报整编能力	△					△	△
	战略决策支撑能力	△					△	△
	战略侦察情报指挥协调能力	△	△					

续表

体系能力（系统子能力）		信息化基础支撑能力	侦察情报指挥协调能力	核心内幕情报获取能力	一体化侦察监视预警能力	情报传输能力	情报处理能力	情报服务与综合保障能力
战略预警能力	战略来袭兵器预警能力	△			△	△	△	△
	战略征候预警能力	△		△	△	△	△	△
	战略预警情报综合和分发能力	△				△	△	△
	战略预警侦察指挥协调能力	△	△					
战场侦察监视能力	陆地目标侦察监视能力	△			△			
	海上目标侦察监视能力	△			△			
	空中目标侦察监视能力	△			△			
	空间目标侦察监视能力	△			△			
	电子目标侦察监视能力	△			△			
	战场情报处理和分发应用能力	△				△	△	△
	战场监视指挥协调能力	△	△					

注：用于分析各种能力及各种能力之间的关系，包括支持、依赖、协同。列表关系矩阵是指"行"能力对"列"能力的关系（△表示支持）

进一步给出系统与能力关联关系矩阵，如表 6-3 所示。

表 6-3　系统与能力关联关系矩阵

系统	信息化基础支撑能力	侦察情报指挥协调能力	核心内幕情报获取能力	一体化侦察监视预警能力	情报传输能力	情报处理能力	情报服务与综合保障能力
战略情报系统	▲	▲	▲	▲	▲	▲	▲
战略预警系统	▲	▲	▲	▲	▲	▲	▲
战场侦察监视系统	▲			▲	▲	▲	
一体化情报信息系统	▲				▲	▲	▲
情报基础设施	▲	▲			▲	▲	▲

注：▲表示支撑

通过上述分析，给出构成体系能力的装备体系，如图 6-3 所示。

通过 6.3.1 节的分析可以知道为了构建战略预警体系需要哪些系统能力，从而判断需要哪些相关系统参与，为体系贡献能力。为了便于分析第 4 章所提出的体系演化分析方法，将体系的规模缩小，给出某个假想防空战略预警体系，但涵盖战略预警体系的基本要求。下面给出符合条件的每个系统的名称、功能、贡献的能力、建设费用和建设周期，如表6-4所示。

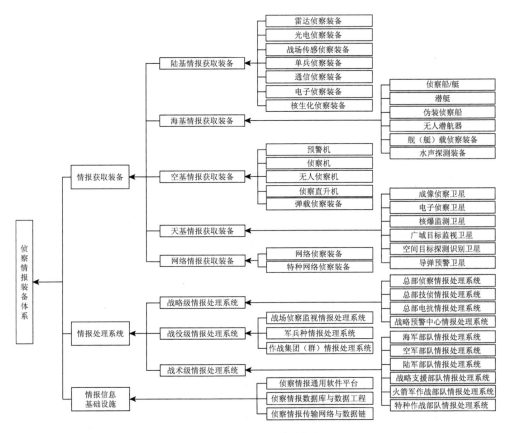

图6-3　战略预警体系装备

表6-4　构成战略预警体系的22个成员系统能力、建设费用和建设周期明细

系统名称	系统类型	提供能力数量	覆盖区域/m²	接口连接概率	费用/万元	建设周期/月	系统数量	系统连接概率	系统编号
单兵侦察装备	侦察	1	500	0.7	10	1	3	0.8	1~3
无人侦察机	侦察	1	3000	0.7	30	2	4	0.8	4~7
高空侦察机	侦察	1	50000	0.7	80	2	4	0.8	8~11
导弹侦察卫星	侦察	1	250000	0.7	150	0	1	0.8	12
雷达侦察装备	识别	2	7000	0.7	350	1	2	0.8	13、14
成像侦察卫星	侦察	2	200000	0.7	90	2	2	0.8	15

续表

系统名称	系统类型	提供能力数量	覆盖区域/m²	接口连接概率	费用/万元	建设周期/月	系统数量	系统连接概率	系统编号
联合战场监视系统	命令与智能控制	4	10000	0.7	30	1	2	0.8	16、17
战略预警情报处理系统	情报处理	4	20000	0.7	120	1	1	0.8	18
战略预警控制中心	指挥协调	5	18000	0.7	—	1	1	0.8	19
情报融合系统	数据融合与分析	3	—	0.7	—	1	2	0.8	20、21
栅格化信息基础网络	通信网络平台	3	—	0.7	—	0	1	0.8	22

成员系统拥有的能力如表 6-5 所示。

表 6-5 每个成员系统拥有的能力

系统编号	拥有能力
S_1—S_7	C_1 和 C_5
S_8、S_9	C_1
S_{10}—S_{13}	C_2 和 C_5
S_{14}—S_{16}	C_3 和 C_5
S_{17}、S_{18}	C_4 和 C_5
S_{19}—S_{22}	C_5

注：C_1 表示情报获取能力；C_2 表示情报处理能力；C_3 表示情报指挥协调能力；C_4 表示一体化侦察监视预警能力；C_5 表示情报传输能力

6.4 战略预警体系结构优选

整个战略预警体系可选的系统有 22 个，为实现体系 5 项能力有 $2^{m(m+1)} = 2^{253}$ 种可能的连接方式。如果对每一种体系结构进行演化，评估工作量太大。利用 4.2 节提供的优化方法对构成体系能力的初始体系结构进行优选。首先，基于目前我军面临的威胁，体系构建设计师根据前期经验，选出 10 种体系结构构建方案，组成初始的体系结构集合 A_0，A_0 里的元素为染色体 c_i，每一条染色体 c_i 代表一种体系结构方案 a_i。

不断产生接口随机数直到可行方案，最终产生 100 条染色体，每一条染色体均为被推荐的备选体系结构。通过染色体表发现系统贡献度平均值为 0.65，接口成功连接的平均值为 0.34，说明为了保持可行的染色体，实际的连通性有所降低。表 6-6 显示了每一条染色体起作用的系统和可行性连接。

表 6-6　10 条可行的染色体实例

编号	染色体	系统贡献	接口贡献
1	0110110011000000000001100110100011000000100110011000000	0.6	0.27
2	0011111101000000000000000001010100111101111011001000010	0.7	0.33
3	1001011011001011010000000000000000110110000010010110 01	0.6	0.29
4	0101011110000000000011110000000001110000000111101101 00	0.6	0.29
5	1011110000011110000000000001110001100001000000000000000	0.5	0.22
6	1100110111100110011001101110000000000000101010101000111	0.7	0.40
7	1101101101000000110110110100000010110101010000101010	0.7	0.38
8	1011111101011111101000000001111101111101111001101101010	0.8	0.60
9	0010011111000000000000000011100000000001011110111	0.6	0.27
10	0011011111000000000000000000010110111110000001111111111	0.7	0.38

　　整个战略预警体系中为这 22 个参与系统 $S_i(i=1,2,\cdots,22)$ 构造一个 Excel 数据文件，用于描述每个成员系统可以提供的能力。在该 Excel 表格中，每一行代表系统 S_j 为体系提供能力 $C_i(i=1,2,\cdots,n)$。本书中将问题简化，不讨论每个系统提供能力的多少，仅讨论系统是否参与提供能力。如果系统参与，Excel 表格中 $S_{ij}=0$，否则 $S_{ij}=1$。用同样的方法设定接口 I_{ij} 的值，如果接口提供能力 C_i，则 $I_{ij}=1$，否则 $I_{ij}=0$。每一行还包括系统实现能力 $C_i(i=1,2,\cdots,n)$、实现的最终期限 d_j、费用 f_j 等信息，表 6-7 给出的是部分 Excel 表格格式，体系构造师在构建体系时为每一种体系结构中的每个成员系统提供一个这样的 Excel 表格，用于描述每个系统的初始状态。

　　这些 Excel 数据作为体系构建的初始结构，输入遗传算法。设定种群 $g=30$，代数 $h=800$，通过 MATLAB 仿真，找出最优适配值，见图 6-4，选出的体系结构作为初始的体系结构。

表 6-7　一个系统和它的接口为体系提供的能力、最终期限、资金限制

能力	S_j	$I_{j,1}$	$I_{j,2}$	$I_{j,3}$	$I_{j,4}$	$I_{j,5}$	$I_{j,6}$	$I_{j,7}$	$I_{j,8}$	$I_{j,9}$	$I_{j,10}$	$I_{j,11}$	$I_{j,12}$	$I_{j,13}$	$I_{j,14}$	$I_{j,15}$	$I_{j,16}$	$I_{j,17}$	$I_{j,18}$	$I_{j,19}$	$I_{j,20}$	$I_{j,21}$	$I_{j,22}$	最终期限 d_j	资金限制 f_j
											一个系统的部分关系结构														
C_1	1	0	1	1	1	0	0	0	0	0	1	0	1	0	1	0	0	0	0	1	0	0	0	1	10.1
C_2	0	0	0	0	0	0	0	0	0	0	0	0	0	0	0	0	0	0	0	0	0	0	0		
C_3	0	0	0	0	0	0	0	0	0	0	0	0	0	0	1	1	0	0	0	0	0	0	0		
C_4	0	0	0	0	0	0	0	0	0	0	0	0	0	1	0	0	0	0	0	0	0	0	0		
C_5	1	0	1	0	1	1	0	0	0	0	1	0	1	0	1	0	0	0	0	1	0	0	0	1	10.2

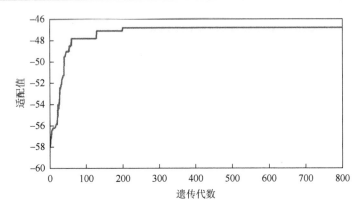

图 6-4　遗传算法 MATLAB 仿真

6.4.1　优化染色体

用第 4 章提出的遗传算法优化算法，使用 MATLAB 反复权衡计算，找出最佳适配值函数。

针对遗传算法中的各项参数进行设置，初始种群数为 100，较差个体的交叉概率为 $p_{c1}=0.9$，最优个体的交叉概率为 $p_{c2}=0.4$，假设最大变异概率为 $p_{m1}=0.2$，最小变异概率为 $p_{m2}=0.1$，并计算得出体系结构集成方案，如表 6-8 所示。

表 6-8　体系结构集成方案

方案	适配权重值		体系结构集成方案
方案一	w^1	1	$C_1(S_1)$, $C_2(S_2)$, $C_3(S_{21}+S_{22})$, $C_4(S_{19}+S_{20})$, $C_5(S_8)$, $C_1(S_3+S_4)$, $C_2(S_{11})$, $C_3(S_3)$, $C_4(S_3+S_4)$, $C_5(S_{17}+S_{20})$, $C_1(S_{15}+S_{20})$, $C_2(S_{17}+S_{19})$, $C_3(S_{16}+S_{18}+S_{20})$, $C_4(S_{14}+S_{15})$, $C_5(S_{16}+S_{17})$, $C_1(S_{19}+S_{20})$, $C_2(S_{15}+S_{17})$, $C_3(S_{14}+S_{13})$
	w^2	0	
	w^3	0	
方案二	w^1	0	$C_1(S_1)$, $C_2(S_2)$, $C_3(S_{21}+S_{20})$, $C_4(S_{22}+S_{19})$, $C_5(S_8)$, $C_1(S_3+S_6)$, $C_2(S_{12})$, $C_3(S_6)$, $C_4(S_3+S_6)$, $C_5(S_{14}+S_{21})$, $C_1(S_{15}+S_{23})$, $C_2(S_{17}+S_{21})$, $C_3(S_{16}+S_{18}+S_{20})$, $C_4(S_{14}+S_{15})$, $C_5(S_{16}+S_{21})$, $C_1(S_{18}+S_{20})$, $C_2(S_{14}+S_{15})$, $C_3(S_{17}+S_{21})$
	w^2	1	
	w^3	0	
方案三	w^1	0	$C_1(S_1)$, $C_2(S_2)$, $C_3(S_{19}+S_{21})$, $C_4(S_{21}+S_{22})$, $C_5(S_7)$, $C_2(S_4+S_5)$, $C_3(S_{11})$, $C_1(S_5)$, $C_4(S_4+S_5)$, $C_3(S_{15}+S_{20})$, $C_5(S_{15}+S_{22})$, $C_4(S_{17}+S_{21})$, $C_4(S_{16}+S_{18}+S_{20})$, $C_3(S_{14}+S_{15})$, $C_4(S_{16}+S_{22})$, $C_4(S_{18}+S_{20})$, $C_5(S_{14}+S_{15})$, $C_2(S_{17}+S_{21})$
	w^2	0	
	w^3	1	
方案四	w^1	0.6	$C_1(S_1)$, $C_2(S_2)$, $C_3(S_{13}+S_{21})$, $C_4(S_{16}+S_{20})$, $C_1(S_8)$, $C_4(S_3+S_4)$, $C_1(S_{12})$, $C_2(S_3)$, $C_3(S_3+S_4)$, $C_4(S_{17}+S_{21})$, $C_5(S_{15}+S_{22})$, $C_1(S_{17}+S_{21})$, $C_2(S_{16}+S_{18}+S_{20})$, $C_3(S_{14}+S_{15})$, $C_4(S_{16}+S_{22})$, $C_5(S_{18}+S_{20})$, $C_4(S_{15}+S_{17})$, $C_3(S_{14}+S_{21})$
	w^2	0.3	
	w^3	0.1	

6.4.2　接口关系生成

依据成员系统间的协作关系矩阵 M_{TCo}，生成接口关系，以优化组合中的方案一为例，其接口关系如表 6-9 所示。

表 6-9　接口关系方案

关系名称	系统关系
成员系统	(S_{20}, S_{22}), (S_{24}, S_{22}), (S_3, S_4), (S_{17}, S_{20}), (S_{15}, S_{23}), (S_{17}, S_{21}), (S_{16}, S_{18}), (S_{16}, S_{20}), (S_{18}, S_{20}), (S_{14}, S_{15}), (S_{16}, S_{23}), (S_{19}, S_{20}), (S_{15}, S_{17}), (S_{14}, S_{21})
接口关系	$(S_{25}+S_{26}, S_{24}+S_{27})$, (S_8, S_3+S_4), (S_{11}, S_3) $(S_{17}+S_{21}, S_{16}+S_{18}+S_{20})$, $(S_{16}+S_{23}, S_{19}+S_{20})$, $(S_{15}+S_{17}, S_{14}+S_{21})$

最终图 6-5 给出了所有为战略预警体系提供能力支撑的系统节点和这些节点上的系统间的接口。

表 6-10 给出图 6-5 的体系结构的三角矩阵描述，系统 S_i 和系统 S_j 之间的接口是横坐标 i 和纵坐标 j 相交。

表 6-10　体系结构染色体矩阵

系统	1	2	3	4	5	6	7	8	9	10	11	12	13	14	15	16	17	18	19	20	21	22
1	0	1	0	0	0	1	1	1	0	1	0	1	0	1	0	0	1	0	0	1	0	1
2		0	1	0	1	1	1	1	1	0	1	0	0	0	0	1	0	0	1	0	1	1
3			0	1	1	0	1	1	1	0	0	0	1	0	0	1	0	0	1	0	1	1
4				0	0	1	1	0	1	0	1	0	1	0	0	0	1	0	0	0	1	0
5					0	1	0	0	0	1	0	0	0	0	0	1	0	1	0	0	0	0
6						0	1	0	0	1	0	1	1	1	0	0	0	0	0	1	0	0
7							0	1	1	0	0	1	1	1	0	0	0	0	0	1	1	0
8								0	1	1	0	1	1	1	1	0	1	0	0	0	0	0
9									0	0	0	1	1	1	1	0	1	1	0	0	0	0
10										0	1	1	0	0	0	1	1	0	1	1	1	0
11											0	1	0	1	0	1	1	1	0	0	1	0
12												0	1	0	1	1	1	1	0	0	1	0
13													0	1	0	1	1	1	1	0	0	0
14														0	1	0	1	1	1	1	0	0
15															0	0	1	0	0	1	1	1
16																0	1	0	0	0	1	1
17																	0	1	0	1	1	1

续表

系统	1	2	3	4	5	6	7	8	9	10	11	12	13	14	15	16	17	18	19	20	21	22
18																		1	0	1	1	0
19																			0	0	0	0
20																				1	1	0
21																					1	0
22																						0

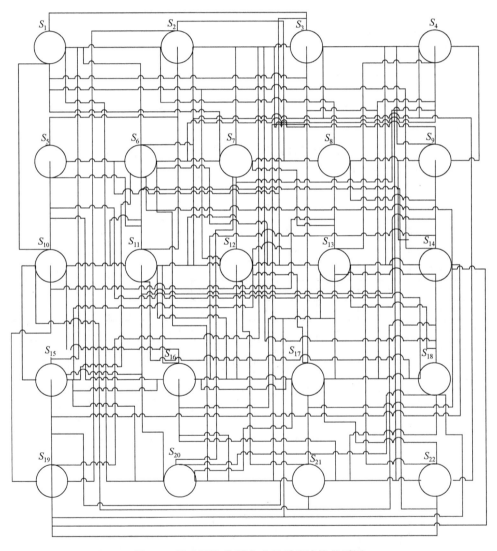

图 6-5　战略预警体系中成员系统连接关系图

给出战略预警体系结构可行性检查规则，对生成的体系结构进行检查。

成员系统如果没有参与体系构建，就没有相应的接口与之连接，染色体矩阵不能列出与该系统相关的可行性连接。

遗传算法中基因序列进化与接口的随机改变和演化相对应。

该战略预警体系内的无人侦察机与战略预警控制中心通信连接。控制中心可以操控的无人侦察机数量有个上限值，该上限值限定了无人侦察机的性能。

该战略预警体系内的高空侦察机与无人侦察机之间没有接口，与联合战场监视系统和战略预警控制中心有接口。

体系内所有系统的通信连接通过栅格化信息基础网络平台进行连接。

6.4.3　演化过程仿真实验

在 3.4 节建立的体系演化过程模型中给出成员系统准备、初始、协同、选择和退出五种演化转变状态，体系经历初始状态、引导体系分析、体系结构发展、计划更新和实现更新五种演化转变状态。对 6.4.2 节优选出的体系结构进行演化过程仿真，从而预测体系结构演化质量。本书通过 Agent 模型对体系运作和演化过程进行计算实验。该模型采用 Agent 仿真方法，Agent 模型包括采办环境、体系Agent 和系统 Agent 这三个模型元素，系统 Agent 模型个数与体系中系统的数目相对应，体系 Agent 和系统 Agent 内嵌于体系采办环境之中，并受到环境变化的影响。Agent 模型框架如图 6-6 所示。

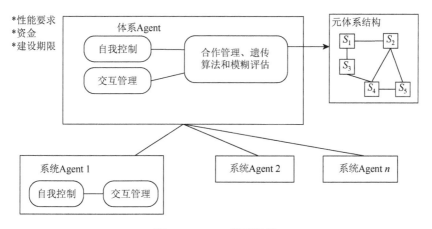

图 6-6　Agent 模型框架

体系 Agent 和系统 Agent 都包括交互管理模型、自我控制模型、合作管理模型。体系 Agent 中的交互管理模型负责与单独系统的交互，自我控制模型用于体系能力、度量标准、体系性能、初始体系结构的参数管理，合作管理模型负责发起加入请求。每一个单独系统 Agent 中的交互管理模型用于对体系请求进行反馈，自我控制模型用以描述系统 Agent 的三种不同行为，即自私、投机和合作。体系交互管理与系统合作管理模型之间的交互模拟了体系与系统之间的协商过程。所有备选系统收到的信息反馈到体系合作管理中，交给模糊评估模型评估当前 T 时刻的体系结构。依据初始体系基线结构，基于环境的改变和体系结构差别分析，更新使命任务，获得波间隔和体系参数。仿真实验运行流程如图 6-7 所示。

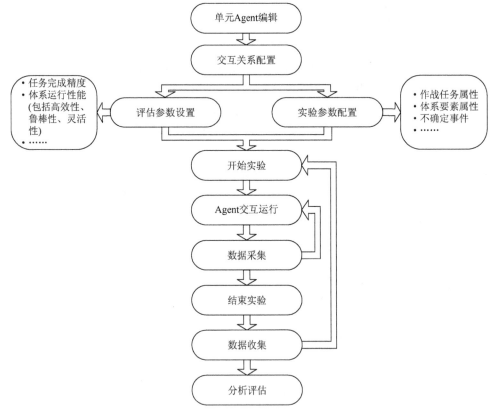

图 6-7 体系演化机理仿真实验运行流程

以此为基础，作者研究开发了体系演化分析实验平台。通过平台设置仿真实验初始作战任务，设置评估参数（包括体系结构性能、灵活性、可购性和鲁棒性等）和实验参数（包括作战任务属性、体系要素属性等），得到仿真实验结果，演化后最优系统集及体系结构如图 6-8 所示，演化过程中遗传算法适配值曲线如图 6-9 所示。

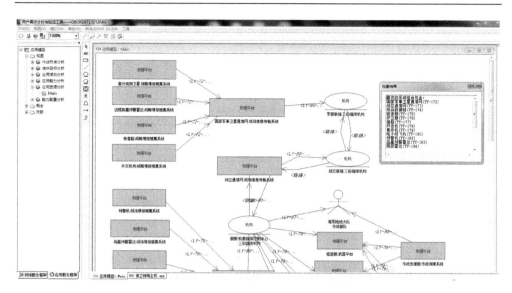

图 6-8　演化后最优的系统及体系结构

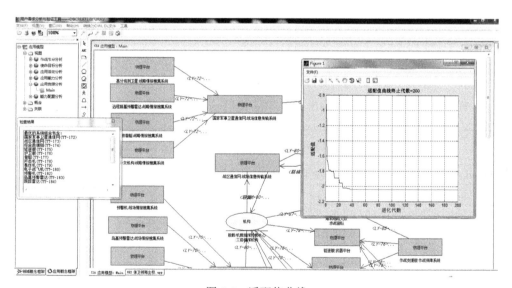

图 6-9　适配值曲线

　　首先将图 6-4 的系统和接口关系用染色体描述,将染色体数据导入 Excel 数据(图 6-10),将其作为初始参数输入演化实验平台进行演化过程仿真,导入的 Excel 数据表具体格式如图 6-9 所示,为每个成员系统设定性能、花费、最终期限和系统与能力之间的映射。

　　每个状态下都需要与系统进行协商,看系统是否同意合作,给出每个阶段的状态变化:

$$\text{system.information}_i = f(\Delta d, \Delta f, \Delta P)。$$

S_1	S_2	S_3	S_4	S_5	S_6	S_7	S_8	S_9	S_{10}	S_{11}	S_{12}	S_{13}	S_{14}	S_{15}	S_{16}	S_{17}	S_{18}	S_{19}	S_{20}	S_{21}	S_{22}
1	1	0	0	0	0	0	1	1	0	0	1	1	1	1	0	0	0	1	0	0	1

									S_1的接口											
$I_{1,2}$	$I_{1,3}$	$I_{1,4}$	$I_{1,5}$	$I_{1,6}$	$I_{1,7}$	$I_{1,8}$	$I_{1,9}$	$I_{1,10}$	$I_{1,11}$	$I_{1,12}$	$I_{1,13}$	$I_{1,14}$	$I_{1,15}$	$I_{1,16}$	$I_{1,17}$	$I_{1,18}$	$I_{1,19}$	$I_{1,20}$	$I_{1,21}$	$I_{1,22}$
0	0	0	0	0	0	0	0	0	1	0	0	0	1	0	0	0	0	0	1	1	0

									S_2的接口									
$I_{2,3}$	$I_{2,4}$	$I_{2,5}$	$I_{2,6}$	$I_{2,7}$	$I_{2,8}$	$I_{2,9}$	$I_{2,10}$	$I_{2,11}$	$I_{2,12}$	$I_{2,13}$	$I_{2,14}$	$I_{2,15}$	$I_{2,16}$	$I_{2,17}$	$I_{2,18}$	$I_{2,19}$	$I_{2,20}$	$I_{2,21}$	$I_{2,22}$
0	0	0	0	1	0	1	0	1	0	0	0	0	0	1	0	0	1	0	0

							S_3的接口									
$I_{3,4}$	$I_{3,5}$	$I_{3,6}$	$I_{3,7}$	$I_{3,8}$	$I_{3,9}$	$I_{3,10}$	$I_{3,11}$	$I_{3,12}$	$I_{3,13}$	$I_{3,14}$	$I_{3,15}$	$I_{3,16}$	$I_{3,17}$	$I_{3,18}$	$I_{3,19}$	$I_{3,20}$	$I_{3,21}$	$I_{3,22}$
0	0	0	0	0	0	1	0	0	0	1	0	0	0	0	0	0	0	0

						S_4的接口									
$I_{4,5}$	$I_{4,6}$	$I_{4,7}$	$I_{4,8}$	$I_{4,9}$	$I_{4,10}$	$I_{4,11}$	$I_{4,12}$	$I_{4,13}$	$I_{4,14}$	$I_{4,15}$	$I_{4,16}$	$I_{4,17}$	$I_{4,18}$	$I_{4,19}$	$I_{4,20}$	$I_{4,21}$	$I_{4,22}$
0	0	0	0	0	0	1	0	0	0	0	0	0	0	0	0	0	0

					S_5的接口									
$I_{5,6}$	$I_{5,7}$	$I_{5,8}$	$I_{5,9}$	$I_{5,10}$	$I_{5,11}$	$I_{5,12}$	$I_{5,13}$	$I_{5,14}$	$I_{5,15}$	$I_{5,16}$	$I_{5,17}$	$I_{5,18}$	$I_{5,19}$	$I_{5,20}$	$I_{5,21}$	$I_{5,22}$
1	0	1	0	0	0	0	0	1	0	0	0	0	0	0	1	0

				S_6的接口									
$I_{6,7}$	$I_{6,8}$	$I_{6,9}$	$I_{6,10}$	$I_{6,11}$	$I_{6,12}$	$I_{6,13}$	$I_{6,14}$	$I_{6,15}$	$I_{6,16}$	$I_{6,17}$	$I_{6,18}$	$I_{6,19}$	$I_{6,20}$	$I_{6,21}$	$I_{6,22}$
0	0	1	0	0	0	0	0	1	0	0	0	0	1	0	0

图 6-10　Excel 输入信息

每一条染色体经过演化输出结果，演化后的 Excel 数据如图 6-11 所示。

体系结构1（与 S_j 有关的部分）																							最终期限	资金	性能
S_j	$I_{j,1}$	$I_{j,2}$	$I_{j,3}$	$I_{j,4}$	$I_{j,5}$	$I_{j,6}$	$I_{j,7}$	$I_{j,8}$	$I_{j,9}$	$I_{j,10}$	$I_{j,11}$	$I_{j,12}$	$I_{j,13}$	$I_{j,14}$	$I_{j,15}$	$I_{j,16}$	$I_{j,17}$	$I_{j,18}$	$I_{j,19}$	$I_{j,20}$	$I_{j,21}$	$I_{j,22}$	$S_j.\Delta d_i$	$S_j.\Delta f_i$	$S_j.\Delta P_i$
1	1	0	0	1	0	0	0	0	0	1	1	1	0	0	0	0	0	0	0	0	0	0	0	10.1	21
0	0	0	0	0	0	0	0	0	0	0	0	0	0	0	0	0	0	0	0	0	0	0			
1	0	0	1	1	1	1	0	0	0	0	0	1	1	0	1	0	1	1	1	1	1	1			
1	1	0	0	0	0	1	1	0	0	0	0	0	0	0	0	0	0	0	0	0	0	0			
0	0	0	0	0	0	0	0	0	0	0	0	0	0	0	0	0	0	0	0	0	0	0	1	10.2	23

图 6-11　演化输出结果

6.5　战略预警体系评估分析

4.3 节定义了体系质量评估属性及评估规则，通过体系结构性能、可购性、灵活性和鲁棒性四个方面对体系结构进行综合评估。现针对战略预警体系将这四个评估属性实例化。

6.5.1　体系评估属性

1. 体系结构性能要求

在本案例中，战略预警体系包括战略来袭兵器预警能力、战略征候预警能力、战略预警情报综合和分发能力、战略预警侦察指挥协调能力等。战略预警体系要求的性能很多，本案例为了证明所提出理论和方法的可行性，仅提出三个性能要求：①对周边 3000km 范围内弹道导弹发射场、远程轰炸机机场、核潜艇港口、重要军事基地具备持续侦察监视能力；②发现到攻击在 1.5h 以内；③目标发现概率大于 0.98，系统虚警概率小于 0.6。

2. 系统具备的能力

本案例中的无人侦察机系统为体系提供侦察能力和打击能力，侦察范围为低空 400km，预警时间 15～20min，巡航时速 735km，巡航高度 13.71km。每两架无人侦察机需要一个地面控制台。优点是费用低廉，缺点是侦察速度慢。联合战场监视系统是新型侦察系统，可以为各种雷达提供无线通信。雷达侦察装备、成像侦察卫星和导弹侦察卫星共同的优点是侦察面积广，雷达侦察装备可以侦察的距离为 3000～7000km，可以对目标发射点位置进行较精确预报，也可以预报弹道的飞行轨迹和弹着点。导弹侦察卫星对射程 8000～13000km 的弹道导弹的预警时间为 25min，缺点是不能精确定位，仍然需要在目标附近派无人机侦察。战略预警情报处理系统对卫星、雷达和无人机系统的侦察数据进行获取和传输，并通知导弹发射系统，数据传输率为 500Mbit/s。

3. 性能属性

体系性能等级由每天成功定位监视区域的战略武器（远程弹道导弹、战略轰炸机和巡航导弹等）的概率给出。

下面给出性能模型算法：

设搜索面积为 s^a，敌方区域总面积为 S^a，无人侦察机的个数为 n，各类卫星的个数为 m，则 $s^a = S^a \times 0.9 \times (m+n)$。

搜索速率 v＝体系侦察覆盖面积/h_t＝(3000×无人侦察机数量)+(10000×联合战场监视系统数量)+(18000×战略预警控制中心数量)+(250000×导弹侦察卫星数量)；

体系运行时间 $h_t' = 0.5h_t$；

覆盖率 $\gamma' = 100 \times [s^a/(S^a \times h_t' + 1)]$；

传输时间 $\delta = \sqrt{\dfrac{s^a}{S^a} + 1/v + 1}$；

体系定位战略武器的概率 $p' = \gamma' + [1 - (\delta / h_t')]$。

4. 可购性属性

经费 f 包括系统开发费用和系统运营费用。由表 6-4 可以看出不同类型系统开发和运营的开销，其中开发的开销被分开评价了。

5. 灵活性属性

体系的每个能力 C_i 尽量由多个系统提供，灵活性与系统类型数量相关。

6. 鲁棒性要求

如果某些单个系统功能丧失，体系性能下降的百分比体现鲁棒性。

表 6-11 给出四个评估指标的评估等级标准。

表 6-11　评估等级标准

等级	性能等级标准	可购性等级标准	灵活性等级标准	鲁棒性等级标准
不合格	$P \leqslant 30$	$f \geqslant 1000$ 万	一个系统提供多个体系能力	系统性能下降≥35%
合格	$30 < P \leqslant 60$	800 万≤ $f <$ 1000 万	一个体系能力由一个系统提供	25%≤系统性能下降<35%
良好	$60 < P \leqslant 85$	600 万≤ $f <$ 800 万	一个体系能力可以由多个系统提供	15%≤系统性能下降<25%
优秀	$P > 85$	$f <$ 600 万	体系每个能力由多个系统提供	系统性能下降<15%

6.5.2　演化过程评估分析

1. 体系与系统协商

6.4 节介绍构建战略预警体系时需要根据任务需求构建 m 个系统和与它相关联系统的 n 个功能。表 6-12 描述体系给每个系统的请求信息，包括每个功能的截止时间、所需的资金和性能。系统根据 3.3.4 节所述的体系与系统协商模型，如果它能满足体系的要求，则参与到体系建设中。

表 6-12　体系请求信息

功能	系统	S_j 和 S_i 之间的接口				期限	资金	性能
	S_j	$I_{j,1}$	$I_{j,2}$	$\cdots$	$I_{j,m}$	d	f	P
C_1	1	0	1	$\cdots$	1	1	1	5
C_2	0	0	0	$\cdots$	0	0	0	0
$\vdots$	$\vdots$	$\vdots$	$\vdots$	$\vdots$	$\vdots$	$\vdots$	$\vdots$	$\vdots$
C_5	1	1	0	$\cdots$	0	3	2	2

为了简化研究，仅分析方法的正确性，假设每个系统参与体系构建的概率是一样的且固定不变，并且每个接口参与体系构建的概率是一样的且固定不变。

假设 1：每个系统选择参与网络信息体系构建的概率为 0.7。

假设 2：22 个系统之间有 45 个可能的接口，接口成功连接概率为 0.8。

系统接到体系的请求，根据 2.2 节体系与系统协商模型进行协商，基于资金、期限和性能的考虑进行权衡分析。通过优化算法为每个功能产生随机数量为 g 的染色体。目标函数的权重值为 $w_d + w_f + w_P = 1$。定义代数 h，优化算法。

目标性能 $f \geqslant f$(截止时间 + Δ截止时间, 资金 + Δ资金, 性能 − Δ性能)。

成员系统的个数与性能要求有关，系统的类型与资金限制有关。表 6-13 给出体系与 22 个系统中的 S_1 的协商示例。系统可以为体系提供能力 C_1 和 C_5，表 6-13 第一行表示能力 C_1 需要体系向系统 S_1 提出参与到体系结构演化中的请求，为获得能力 C_1 体系提供资金为 10.2，性能为 12.5。系统接受请求之后，会根据自身情况给予反馈，记为 Δ，Δ = 系统的响应 − 体系的请求。

表 6-13 体系与系统 S_1 协商结果

	能力需求	期限 d	资金 f	性能 P		期限 $S_1.\Delta d_i$	资金 $S_1.\Delta f_i$	性能 $S_1.\Delta P_i$
体系对系统 S_1 提出连接请求	C_1	1	10.2	12.5	系统接受体系的请求，提供能力 C_1 和 C_5	1	−1.2	2.3
	C_2	0	0	0		0	0	0
	C_3	0	0	0		0	0	0
	C_4	0	0	0		0	0	0
	C_5	1	10.5	16		0	1.3	−2.8

$S_1.\Delta d_i = 1$，说明 S_1 可以参与体系 C_1 的构建。

$S_1.\Delta f_i = -1.2$，说明 S_1 建设花费低于体系要求。

$S_1.\Delta P_i = 2.3$，说明 S_1 性能高于体系要求。

最终，在 T 时刻，S_1 参与到体系构建。

基于上述考虑为每个成员系统和接口打一个分数，这个分数作为体系结构染色体适配值，并作为遗传算法的输入产生下一代染色体。本案例设定种群 $g = 30$，代数 $h = 200$，通过 MATLAB 运行遗传算法，找出最优适配值，图 6-12 给出体系演化过程中所有性能、可购性值和体系适配值的三维视图。

给出优选出的网络信息体系结构，如表 6-14 所示。

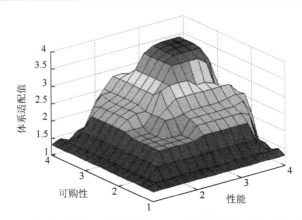

图 6-12 体系演化过程中所有性能、可购性值和体系适配值三维视图

表 6-14 被推荐的体系结构染色体结构

系统编号	染色体基因值									
1～11	0	0	0	1	0	0	0	0	0	0
12～22	0	1	1	0	0	0	1	1	1	1

与表 6-14 相符的最佳体系结构如图 6-13 所示。

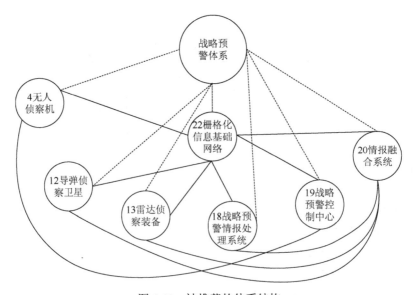

图 6-13 被推荐的体系结构

从图 6-13 可以看出成员系统 S_4、S_{12}、S_{13}、S_{18}、S_{19}、S_{20}、S_{22} 为体系做出了贡献，所有系统及接口的通信都基于栅格化信息基础网络，因此该实例中的成

员系统都与系统 S_{22} 有接口，系统 S_4 与系统 S_{19} 有接口，系统 S_{12} 与系统 S_{20} 有接口，系统 S_{13} 与系统 S_{20} 有接口，系统 S_{18} 与系统 S_{20} 有接口。该体系结构方案为控制中心对无人机进行操作；导弹侦察卫星和雷达侦察装备将侦察的情报通过情报融合系统进行融合；情报融合系统将融合的情报信息通过战略预警情报处理系统进行处理分析。该体系结构方案中各个侦察系统并不与情报处理系统直接建立接口，而是各个侦察系统与情报融合系统建立接口，再由情报融合系统与情报处理系统建立接口。与各个侦察系统都与情报处理系统直接建立接口的体系结构方案相比，该方案接口连接减少，成本降低，同时侦察信息进行过滤融合后再交给情报处理系统，效率更高。

2. 涌现能力评估

将演化后得到的 Excel 数据输入模糊评估子程序。根据 $[\mathrm{Sum}(C_i)+\mathrm{Sum}(C_{\mathrm{int}\,ij})]$（$C_{\mathrm{int}\,ij}$ 指接口涌现能力值），计算出演化后的体系整体能力值，其中包括接口涌现能力值。在实际计算中，体系构建决策人员只需计算出体系实际能力与需求能力的比值，即 $[\mathrm{Sum}(C_i)+\mathrm{Sum}(C_{\mathrm{int}\,ij})]/C_{\mathrm{req}}$（$C_{\mathrm{req}}$ 指体系需求能力），通过得到的比值对体系涌现能力进行评估，给出当前的体系结构质量。

对该体系结构进行模糊评估，对整个体系的四个属性进行模糊评估，得到的结果分成四个等级，如表 6-15 所示。

表 6-15　体系结构评估等级

体系结构	评估公式	不合格	合格	良好	优秀
性能	$[\mathrm{Sum}(C_i)+\mathrm{Sum}(C_{\mathrm{int}\,ij})]/C_{\mathrm{req}}$	<0.8	$0.8\sim1$	$1\sim1.5$	>1.5
可购性	$(\mathrm{Sum}\{S_i\times[1+(1-p)/2]B_{\mathrm{ac}}/n\})/B_{\mathrm{ac}}$	>1	$0.9\sim1$	$0.8\sim0.9$	<0.8
灵活性	$[\mathrm{Sum}(S_i)]/n$	<0.5	$0.5\sim0.8$	$0.8\sim0.9$	$0.9\sim1$
鲁棒性	$\left[\dfrac{\mathrm{Sum}(I_{ij})}{0.5n(n-1)}\right]$	<0.5	$0.5\sim0.7$	$0.7\sim0.9$	$0.9\sim1$

注：B_{ac} 表示实际可分配的总经费

通过公式计算出该体系结构质量值，见表 6-16。

表 6-16　体系结构质量值

体系属性	属性值	评估结果
性能	2.23	优秀
可购性	1.03	不合格
灵活性	0.9	优秀
鲁棒性	0.77	良好

根据使命任务的要求，体系对系统发出连接请求，系统权衡后反馈体系应答，通过参与的系统类型和系统数量可以计算出搜索面积、搜索速率，从而可以计算发现目标的概率。每个系统的搜索性能不高，将系统的数量和性能在约束条件下进行合理的分配，则系统联合构成体系的最终性能会有所提高。系统数量和类型的变化导致体系结构和性能发生变化，输入的染色体结构也发生变化。将所有符合要求的体系结构染色体输入 MATLAB 里进行模糊评估，计算出每天定位监视区域战略武器的概率为 10%~80%，如图 6-14 所示。

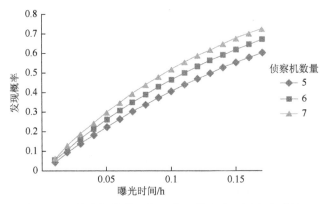

图 6-14　侦察机数量和每天发现战略武器概率关系图

体系构建花费随着系统数量的增加而增加，构建好的性能就意味着高的开销。花费包括各系统的开发花费和运营花费，表 6-4 中给出了各个系统的花费。体系请求系统参与时费用作为约束，体系与系统进行协商权衡。图 6-15 显示了在 MATLAB 中对该染色体进行模糊评估的结果。对于 22 个系统可能产生 253 个染色体（即 253 种体系结构），染色体个数大约是系统数量的五倍。图 6-15（a）中蓝色线条表示一个染色体，绿色线条表示五倍的系统，以相同的比例绘制在一起，这些都不是按代顺序排列的，而是按适配值排序，从坏到好，所以在早期是无序的，后代中显示了变异计算的结果。横坐标表示染色体个数，纵坐标表示五倍的系统个数。图 6-15（b）、（c）、（e）、（f）是 ISR 领域模型的所有染色体的模糊评价的输出，纵坐标刻度 1 表示不可接受，2 表示合格，3 表示良好，4 表示优秀，将评估值四舍五入到最接近的整数以获得最终评估，横坐标表示染色体个数。图 6-15（b）描述体系演化总体评估结果。图 6-15（c）黑色线条表示每个染色体的性能模糊变量，蓝色线条表示灵活性模糊变量。图 6-15（e）表示染色体鲁棒性属性的模糊值，从图中可以看出某个参与系统的删除导致性能最大损失。图 6-15（f）表示每个染色体可负担的模糊值。图 6-15（d）描述体系演化的适配值，横坐标表示代数。图 6-15（g）表示每个染色体的总成本，只是作为对模糊值的交叉检查。纵坐标表示经费，横坐标表示染色体个数。图 6-15（h）为生成的最佳染色体（0 和 1）的上三角显示，用颜色编码表示可用性：黑色是未使用（0）且不可用的位置；蓝色是一个未使用但可用的接口，性能可能会更好；红色是一个不可用的接口；绿色是一个使用和可用的接口或系统。横坐标表示接口，纵坐标表示系统。图 6-15 显示，随着染色体变化体系层花费随之变化，标志出了体系演化过程中构建每个能力单元时每个时间单元每个资源的花费。图 6-15 同时也给出了随染色体变化体系层性能、可购性、灵活性、鲁棒性的变化值。

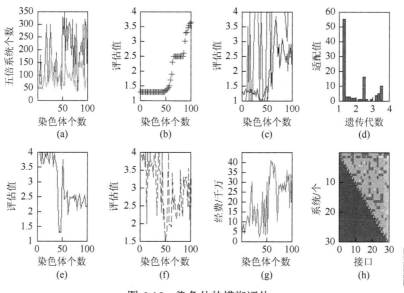

图 6-15　染色体的模糊评估

体系构建过程是从单一种类的系统到能够提供各项功能的多态系统不断变化的过程。体系的灵活性与系统类型的数量有关，但是如果选择得好，从 22 个系统中能选出 7 个系统组成一个高灵活性的系统，而别的方案如选择 13 个系统参与，也可能是一个不灵活的系统。

在进行鲁棒性测试时，每次将染色体中一个系统及相关接口移除，然后重新计算体系性能。通过测试发现，移除某些系统会使体系性能提高，而有些系统的删除会使体系性能下降。如果某个系统的移除会使体系性能下降 35% 以上，说明体系的构建不健壮。如果失去的系统数目很大，那么体系鲁棒性就比较低。大量的丢失意味着系统大部分的性能都由一个系统来提供，如果这个系统出了一些问题，如敌人入侵，或者出现了任意逻辑问题，此时体系的所有功能都会下降。相反，如果体系的功能由许多系统来提供，那么体系的鲁棒性就会很高。从别的方面说，如果系统开始时鲁棒性不是很高，进行调整，体系的灵活性有可能随之变差。总之，目前的模糊评价准则会使属性之间相互影响。

参 考 文 献

[1] 裴燕，徐伯权. 美国 C4ISR 系统发展历程和趋势[J]. 系统工程与电子技术，2005，27（4）：666-671.

[2] 邓建辉，苏序，康郦. 美军 C4ISR 及其光电信息系统[J]. 光学与光电技术，2005，3（1）：8-10.

[3] 潘清，胡欣杰，张晓清. 网络中心战装备体系[M]. 北京：国防工业出版社，2010.

[4] 张婷婷，刘晓明. 建立面向联合作战的网络化武器装备体系[J]. 国防大学学报，2015，（10）：83-85.

[5] XIA X，ZHAO K，XU L，et al. To execute the C4ISR architecture based on DoDAF and Simulink[J]. Communications in Computer and Information Science，2013，402：25-36.

[6] ACHESON P，PAPE L，DAGLI C，et al. Understanding system of systems development using an agent-based wave model[J]. Procedia Computer Science，2012，12：21-30.

[7] 朱江，韶海玲，杜正军，等. 新一代指挥控制过程模型设计[J]. 指挥与控制学报，2015，1（3）：296-300.

[8] 陈玉. Joomla 系统中模块运行原理研究[J]. 软件工程师，2014，12：28-29.

[9] 张婷婷，胡斌，牛小星，等. 全军网络信息体系能力演化分析框架研究[J]. 指挥与控制学报，2017，3（3）：230-235.

[10] MA Y，WANG Q，SHI X，et al. Research on system simulation technology for joint prevention and control of environmental assessment based on C4ISRE[C]//International Conference on Geo-Informatics in Resource Management and Sustainable Ecosystem. Berlin：Springer，2015：699-706.

[11] YI K，ZHANG J，ZHANG J. Survivability optimization for the networked C4ISR system structure[C]//2015 International Conference on Applied Science and Engineering Innovation. Osaka：Atlantis Press，2015：563-568.

[12] 阳东升，张维明，张英朝，等. 体系工程原理与技术[M]. 北京：国防工业出版社，2013.

[13] 阳东升，张维明，刘忠，等. 信息时代的体系——概念与定义[J]. 国防科技，2009，3（30）：18-26.

[14] 贾姆希迪. 系统系工程原理和应用[M]. 北京：机械工业出版社，2013.

[15] 徐振兴，姜江. "系统的系统"工程——体系工程研究综述[J]. 自然辩证法研究，2011，2：56-61.

[16] CROSSLEY W A. System of systems：an introduction of Purdue University schools of engineering's signature area[J]. Proceedings of the Engineering Systems Symposium，2004.

[17] BERRY B J L. Cities as systems within systems of cities[J]. Regional Sciences Association，1964，（13）：147-163.

[18] RECKMEYER W J. System of systems approaches in the U. S. Department of Defense[C]//1st Annual System of Systems Engineering Conference Proceedings, Johnstown, PA, 2005: 13-14.

[19] MAIER M W. Architecting principles for systems-of-systems[C]//Proceedings of the 6th Aunnual Symposium of INCOSE, 1996.

[20] DoD. Systems engineering guide for system of systems (version 1.0) [R]. 2008.

[21] MAIER M W. Architecting principles for systems of systems[J]. System Engineering, 1998, 1 (4): 267-284.

[22] KOTOV V. Systems of Systems as Communicating Structures[R]. Palo Alto: Hewlett Packard Computer Systems Laboratory Paper HPL-97-124, 1997: 1-15.

[23] PEI R S. System of systems integration (SoSI) —a smart way of acquiring army C4I2WS systems[C]//Summer Computer Simulation Conference, 2000: 574-579.

[24] SAGE A P, CUPPAN C D. On the systems engineering and management of system of systems and federations of systems[J]. Information Knowledge Systems Management, 2001, (2): 325-345.

[25] KEATING C, ROGERS R, UNAL R, et al. System of systems engineering[J]. Engineering Management Journal, 2003, 36 (4): 62.

[26] KAPLAN J M. A New Conceptual Framework for Net-Centric, Enterprise-Wide, System-of-Systems Engineering[M]. Washington: Createspace, 2012.

[27] LANE J A, VALERDI R. Synthesizing SoS concepts for use in cost estimation[C]//2005 IEEE International Conference on Systems, Man and Cybernetics, 2005: 993-998.

[28] LANE J A. SoS management strategy impacts on SoS engineering effort[C]//International Conference on New Modeling Concepts for Today's Software Processes: Software Process, ICSP 2010, Paderborn, 2010: 74-87.

[29] 段荣婷, 李真. 美国国防部信息体系架构 DIEA 研究[J]. 国防科技, 2015, 36 (3): 27-34.

[30] 胡志强. 信息化军事体系的边缘组织观[J]. 装备学院学报, 2015, (3): 98-104.

[31] DoD. System of Systems Engineering in Defense Acquisition Guidebook[R]. Washington: Department of Defense, 2004.

[32] MATTHEWS D F. The New Joint Capabilities Integration Development System (JCIDS) and Its Potential Impacts Upon Defense Program Managers[R]. Washington: Technical Reports Collection, 2004.

[33] ZHANG Y L, XIAO J H, XIE K, et al. Information system creates sustained competitive advantage: dynamic evolution of IS capabilities and the alignment between IS and business[J]. Journal of Management Case Studies, 2014, (7): 201-209.

[34] GAO Y, PLA T. The influence of big data on military information system and its countermeasures[J]. Wireless Internet Technology, 2015, 20 (1): 26-32.

[35] JIANG Z, WEI D, ZHAO S C, et al. Hyper-network multi agent model for military system and its use case[C]//Information Technology and Artificial Intelligence Conference, 2014.

[36] GOETTEL B C. Resource information system for military engineers[C]//Computing in Civil and Building Engineering, 2015: 1526-1531.

[37] STEELE D. Setting the azimuth for joint force 2020: globally integrated operations and mission

command[J]. Army Magazine, 2012, (11): 27-29.

[38] 李红军. 美国《联合作战顶层概念：联合部队 2020》解析[J]. 环球瞭望, 2013, (4): 67-70.

[39] 计宏亮, 赵楠. 解读美军联合信息环境计划[J]. 国防科技, 2015, 36 (5): 89-95.

[40] ACHESON P. Methodology for object-oriented system architecture development[C]//2010 4th IEEE Systems Conference, 2010: 643-646.

[41] 李恩奇, 李桢, 果琳丽, 等. 精确制导武器天基路径规划平台概念研究[J]. 空间电子技术, 2015, (3): 69-73.

[42] 赵青松. 体系工程与体系结构建模方法与技术[M]. 北京：国防工业出版社, 2013.

[43] DAHMANN J, REBOVICH G, LANE J A, et al. An implemented view of systems engineering for systems of systems[J]. IEEE Aerospace and Electronic Systems Magazine, 2011, 27 (5): 212-217.

[44] BOEHM B, LANE J A, KOOLMANOJWONG S, et al. Architected agile solutions for software-reliant systems[J]. Agile Software Development, 2010, 20 (1): 165-184.

[45] DELAURENTIS D. Understanding transportation as a system of systems design problem[C]// AIAA aerospace Sciences Meeting, Reno, Nevada, 2005: 10-13.

[46] 沈其聪. 军事信息基础设施建设体系工程方法研究[J]. 军民两用技术与产品, 2015, (24): 12-20.

[47] 吴朝文. 综合电子信息系统体系工程方法研究与应用[J]. 移动信息, 2015, (4): 2-3.

[48] PADILLA E. Substation automation systems: design and implementation[J]. System Engineering, 2015: 103-121.

[49] BUTTERFIELD M, PEARLMAN J. Creation of a systems on global scale: the evolution of GEOSS[C]//2nd Annual System of Systems(SoS) Engineering Conference. Defense Acquisition University(DAU) Fort Belvoir, AV, 2006: 25-26.

[50] Downey J A. Foreword-US federal official publications[J]. US Federal Official Publications, 1978, 55 (4): vii-viii.

[51] C4ISR Architecture Working Group. C4ISR architecture framework version 2.0[R]. Washington: Department of Defense, 1997.

[52] DoD Architecture Framework Working Group. DoD architecture framework version 1.0[R]. Washington: Department of Defense, 2003.

[53] NA LI, XIA J B, FENG K S. Core architecture data model based on DoDAF v1.5[J]. Modern Defence Technology, 2010, 1 (1): 25-36.

[54] DoD Architechture Framework Working Group. DoD architechture framework version 2.0[R]. Washington: Department of Defense, 2009.

[55] XIU S L, LUO X S. Logic and behavior validation of C4ISR architecture description[J]. Systems Engineering and Electronic, 2005, 27 (2): 275-279.

[56] LUO A M, JIANG J. Consistency analysis method of entity realtionship of C4ISR architecture products[J]. Computer Applications, 2008, 28 (1): 224-228.

[57] LAYH T, GEBRE-EGZIABHER D. A fault-tolerant, integrated navigation system architecture for UAVS[J]. Proceedings of the International Technical Meeting of the Institute of Navigation, 2015: 27060-27086.

[58] 周金. 军队信息系统的集成建设刍议[J]. 信息安全与技术, 2015, 6 (8): 8-9, 16.

[59] BIGGS B. MoDAF ministry of defence architectural framework, v1.2[C]//IEEE Seminar on UML Systems Engineering, 2005.

[60] MIN L U, WANG G G, HUANG X P, et al. Interpreting NATO architecture framework[J]. Command Control and Simulation, 2010, 1 (1): 56-63.

[61] 欧阳星明, 官峰, 刘昕. RM-ODP 在分布式工作流系统研究中的应用[J]. 计算机应用研究, 2003, 20 (3): 108-110.

[62] 陈健, 李季颖. 基于 DODAF 的装备体系结构设计[J]. 海军航空工程学院学报, 2015, 30 (1): 73-77.

[63] GMU. System architectures laboratory[EB/OL]. http: //viking.gmu.edu/index.php[2010-09-22].

[64] QI Y, WANG Z, DONG Q, et al. Modeling and verifying SoS performance requirements of C4ISR systems[J]. Journal of Systems Engineering and Electronics, 2015, (4): 754-763.

[65] 蒋盘林. 战术指挥控制系统的体系结构与顶层设计技术[J]. 电光系统, 2015, (3): 1-6.

[66] 阳东升, 张维明, 刘忠, 等. 信息时代的体系——概念与定义[J]. 国防科技, 2009, 3 (30): 18-26.

[67] 颜泽贤. 复杂系统演化论[M]. 北京: 人民出版社, 1993.

[68] 马路遥. OpenLDAP 使用 SASL 认证[J]. 开放系统世界, 2006, (6): 70.

[69] 谭跃进, 赵青松. 体系工程的研究与发展[J]. 中国电子科学院学报, 2011, 6 (5): 441-445.

[70] HASSAN A, ANDI PURNOMO M R, ANNISA P D. Clustering using genetic algorithm-based self-organising map[J]. Advanced Materials Research, 2015, 1115: 573-577.

[71] 胡晓峰, 贺筱媛, 饶德虎, 等. 基于复杂网络的体系作战指挥与协同机理分析方法研究[J]. 指挥与控制学报, 2015, (1): 5-13.

[72] 胡晓峰, 贺筱媛, 饶德虎. 基于复杂网络的体系作战协同能力分析方法研究[J]. 复杂系统与复杂性科学, 2015, 12 (2): 9-17.

[73] 胡晓峰, 许相莉, 杨镜宇. 基于体系视角的赛博空间作战效能评估[J]. 军事运筹与系统工程, 2013, 27 (1): 5-9.

[74] 胡晓峰, 张斌. 体系复杂性与体系工程[J]. 中国电子科学研究院学报, 2011, 6 (5): 446-450.

[75] 胡晓峰. 战争复杂性与复杂体系仿真问题[J]. 军事运筹与系统工程, 2010, 24 (3): 27-34.

[76] 金伟新, 肖田元. 作战体系指挥网络同步能力仿真分析与实验[C]//第 13 届中国系统仿真技术及其应用学术年会论文集, 2011.

[77] 金伟新, 肖田元. 作战体系指控网络混沌振子同步能力仿真研究[C]//2011 全国仿真技术学术会议论文集, 2011: 77-93.

[78] 金伟新, 肖田元. 基于复杂系统理论的信息化战争体系对抗仿真[J]. 系统仿真学报, 2009, 22 (10): 2435-2437.

[79] 金伟新, 肖田元. 作战体系复杂网络研究[J]. 复杂系统与复杂性科学, 2009, 6 (4): 12-25.

[80] 温睿, 马亚平, 王峥, 等. 一种作战体系动态演化模型[J]. 系统仿真学报, 2011, 23 (7): 1315-1322.

[81] GRANT T J, JANSSEN R H P, MONSUUR H. Network Topology in Command and Control: Organization, Operation, and Evolution[M]. IGI Global, 2014.

[82] 冯·贝塔朗菲. 一般系统论[M]. 北京: 清华大学出版社, 1987.

[83] 韩晓光，曹福成. 外军 C3I 系统装备现状及发展展望[J]. 现代防御技术，2002，(6)：61064.

[84] ENGELMANN D，FISCHBACHER U. Indirect reciprocity and strategic reputation building in an experimental helping game[J]. Games and Economic Behavior，2009，67（2）：399-407.

[85] WATTS D J，STROGATZ S H. Collective dynamics of 'small world' networks[J]. Nature，1998，393（6684）：440-442.

[86] BARABÁSI A L，ALBERT R. Emergence of scaling in random networks[J]. Science，1999，286（5439）：509-512.

[87] DOROGOVTSEV S N，MENDES J F，SAMUKHIN A N. Structure of growing networks with preferential linking[J]. Physical Review Letters，2000，85（21）：4633-4636.

[88] NEWMAN M E，MOORE C，WATTS D J. Mean-field solution of the small-world network model[J]. Working Papers，1999，84（14）：3201-3204.

[89] NEWMAN M E J. The structure and function of complex networks[J]. SIAM Review，2003，（45）：167-256.

[90] NEWMAN M E J，WATTS D J. Renormalization group analysis of the small-world network model[J]. Physics Letters A，1999，263（s4/5/6）：341-346.

[91] BARABÁSI A L，ALBERT R，JEONG H. Mean-field theory for scale-free random networks[J]. Physica A Statistical Mechanics and Its Applications，1999，272（s1/2）：173-187.

[92] NOWAK M A，SIGMUND K. Evolution of indirect reciprocity by image scoring[J]. Nature，1998，393（11）：573-577.

[93] JENSEN H T，GAN J，ANAND S，et al. Multi-mode analog-to-digital converter：US8519878[P]. 2013.

[94] DELLER S，TOLK A，RABADI G，et al. Improving C2 effectiveness based on robust connectivity[J]. Network Topology in Command and Control Organization Operation and Evolution，2014，（5）：85-124.

[95] SHLOMOVITZ R，EVANS A A，BOATWRIGHT T，et al. Using network-centric simulations to model C2 and the impact of information[J]. Physics of Fluids，2014，26（7）：1250-3285.

[96] DEKKER A H. Network topology and military performance[C]//International Congress and Simulation Society of Australia and New Zealand，2005：2174-2180.

[97] ALBERTS D S. 敏捷性优势[M]. 闫红伟，宋荣，译. 北京：兵器工业出版社，2012.

[98] WAGENHALS L W，SHIN I，KIM D，et al. C4ISR architectures：II. A structured analysis approach for architecture design[J]. System Engineering，2000，3（4）：248-287.

[99] LEVIS A H，WAGENHALS L W. C4ISR architectures：I. Developing a process for C4ISR architecture design [J]. Systems Engineering，2000，3（4）：225-247.

[100] SHAPIRO R M，PINCI V O，MAMELI R. Modeling a NORAD Command Post vsing SADT and Colored Petri Nets[M]. Berlin：Springer，1993.

[101] 罗雪山，罗爱民. 军事综合电子信息系统的体系结构框架研究[R]. 长沙：国防科学技术大学，2004.

[102] 张耀鸿. 基于对象 Petri 网的 C4ISR 系统分布仿真技术研究[D]. 国防科学技术大学博士学位论文，1999.

[103] DAUBY J P，UPHOLZER S. Exploring behavioral dynamics in systems of systems[J]. Procedia

Computer Science，2011，6：34-39.

[104] ACHESON P，PAPE L，DAGLI C，et al. Understanding system of systems development using an agent-based wave model[J]. Procedia Computer Science，2012，12：21-30.

[105] HAYATA K，EGUCHI M，KOSHIBA M，et al. Fuzzy decision analysis in negotiation between the system of systems agent and the system agent in an agent-based model[J]. Eprint Arxiv，2014，4（8）：1090-1096.

[106] ACHESON P，DAGLI C，KILICAY-ERGIN N. Model based systems engineering for system of systems using agent-based modeling[J]. Procedia Computer Science，2013，16（1）：11-19.

[107] 刘磊. 面向武器装备体系发展的体系演化建模与探索分析方法研究[D]. 国防科学技术大学博士学位论文，2010.

[108] 刘磊，荆涛，吴小勇. 武器装备体系演化的评估方法研究[J]. 系统仿真学报，2006，8（18）：621-627.

[109] 福雷斯特. 工业动力学[M]. 北京：科学出版社，1961.

[110] 福雷斯特. 系统原理[M]. 北京：科学出版社，1968.

[111] 刘思峰，福雷斯特. 不确定性系统与模型精细化误区[J]. 系统工程理论与实践，2011，31（10）：1960-1965.

[112] 陕润. 基于系统动力学的 VMI 模式下库存控制实证分析[D]. 北京交通大学硕士学位论文，2012.

[113] 李忠，巨建国. 美空军科学技术展望（2010—2030）[M]. 北京：科学出版社，2010.

[114] 钱学森. 工程控制论（英文版）[M]. 上海：上海交通大学出版社，2015.

[115] 童志鹏，刘兴. 综合电子信息系统——信息化战争中的中流砥柱[M]. 北京：国防工业出版社，2008.

[116] 王其藩. 系统动力学[M]. 上海：上海财经大学出版社，2009.

[117] 徐瑞恩. 作战理论基本概念：战斗力、作战能力和作战效能度量. 高技术战争与作战运筹分析[M]. 北京：海潮出版社，1998：465-475.

[118] 张最良，李长生，赵文志，等. 军事运筹学[M]. 北京：军事科学出版社，1993.

[119] 张明国，邱志明，石学强，等. 武器装备规范化论证丛书——宏观综合论证[M]. 北京：海潮出版社，2005.

[120] 赵全仁，邱志明，窦守健，等. 武器装备论证导论[M]. 北京：兵器工业出版社，1998.

[121] 荆涛. 以价值为中心的武器装备体系一体化顶层设计方法研究[D]. 国防科学技术大学博士学位论文，2004.

[122] 李明，刘澎，张宏森，等. 武器装备发展系统论证方法与应用[M]. 北京：国防工业出版社，2006.

[123] 张最良，李长生，赵文志，等. 军事运筹学[M]. 北京：军事科学出版社，1993.

[124] 许树柏. 实用决策分析——层次分析法原理[M]. 天津：天津大学出版社，1998.

[125] 沈寿林，张国宁，朱江. 作战复杂系统建模及实验[M]. 北京：国防工业出版社，2012.

[126] 胡晓峰，杨镜宇，司光亚，等. 战争复杂系统仿真分析与实验[M]. 北京：国防大学出版社，2008.

[127] 毛昭军，蔡业泉，李云芝. 武器装备体系优化方法研究[J]. 装备指挥技术学院学报，2007，1（18）：9-13.

[128] 曹建军，马海洲，蒋德珑. 武器装备体系评估建模研究[J]. 系统仿真学报，2015，（1）：37-42.

[129] LIBICKI M L. Illuminating Tomorrow's War[M]. Washington DC：National Defense University Press，1999.

[130] DAN D L，DICKERSON C，DIMARIO M，et al. A case for an international consortium on system-of-systems engineering[J]. IEEE Systems Journal，2007，1（1）：68-73.

[131] KEATING C，ROGERS R，UNAL R，et al. System of systems engineering[J]. Engineering Management Journal，2003，15（3）：36-45.

[132] DAHMANN J，REBOVICH G，LANE J A，et al. An implementers view of systems engineering for systems of systems[C]//Proceeding of IEEE International Systems Conference，Montreal，2011.

[133] 周克栋，徐诚，雷赫，等. 美国陆军前景规划——未来战斗系统[J]. 轻兵器，2004，（1）：65-68.

[134] 李建化. 美国陆军的未来——FCS[J]. 环球军事，2004（12）：24-27.

[135] KEATING C，SOUSA-POZA A，MUN J. Toward a methodology for system of systems engineering[C]//Proceedings of the American Society of Engineering Management，Fort Belvoir，VA，July 2003：1-8.

[136] CHEN P，CLOTHIER J. Advancing systems engineering for system of systems challenges[J]. Systems Engineering，2003，6（3）：170-183.

[137] MAIER M W. Architecting principles for systems of systems[J]. System Engineering，1998，1（4）：267-284.

[138] ALBERTS D S，GARSTKA J J，STEIN F P. Network centric warfare：developing and leveraging information superiority[C]//2nd Edition. Washington DC：C4ISR Cooperative Research Program，1999.

[139] 许国志. 系统科学[M]. 上海：海科技教育出版社，2003.

[140] 曹雷，鲍广宇，陈国友，等. 指挥信息系统[M]. 2版. 北京：国防工业出版社，2015.

[141] THOMAS E. Service-Oriented Architecture(SOA)：Concepts，Technology，and Design[M]. Pearson Education，Inc，2005.

[142] 王寿彪，李新明，杨凡德，等. 武器装备体系演化研究[J]. 火力与指挥控制，2017，12（3）：1-7.

[143] 王寿彪，李新明，刘东，等. 基于大数据形式概念认知计算的装备体系动态演化建模框架建构[J]. 指挥与控制学报，2016，2（3）：248-256.

[144] DAHMANN J，REBOVICH G，LANE J A，et al. An implementers' view of systems engineering for systems of systems[C]//Proceedings of IEEE International Systems Conference，Montreal，Quebec，Canada，2011.

[145] The MoDAF Development Team. The MOD architectural Framework v1.2[S/OL]. http：//www.modaf.org.uk/，2008.

[146] 戴维斯. 武器装备体能力的组合分析方法与工具[M]. 北京：国防工业出版社，2012.

[147] Office of the Assistant Secretary of Defense(C3I). C4ISR information superiority modeling & simulation master plan(IS M&S MP)[EB/OL]. http：//www.dmso.mil.Mar 2002.

[148] 赵青松，谭伟生，李孟军. 武器装备体系能力空间描述研究[J]. 国防科技大学学报，2009，31（1）：135-140.

[149] 王维平，李群，朱一凡，等. 柔性仿真原理与应用[M]. 长沙：国防科技大学出版社，2003.

[150] 卡门斯，迪萨兰德三世. 美军网络中心战案例研究 3：网络中心战透视[M]. 北京：航空工业出版社，2012.

[151] 张婷婷，王智学. C4ISR 体系演化中可靠性分析与评估[J]. 指挥与控制学报，2015，1（4）：439-444.

[152] 张婷婷，王智学，刘大伟，等. 体系演化过程中涌现行为建模与评估[C]//第二届指挥与控制大会论文集，2015：386-391.

[153] SOBIESZCZANSKI-SOBIESKI J. Sensitivity of complex，internally coupled systems[J]. Journal of Aiaa，1990，28（1）：153-160.

[154] DELAURENTIS D. Role of humans in complexity of a system-of-systems[C]//Proceedings of the lst International Conference on Digital Human Modeling，2007：363-371.

[155] DAHMANN J，REBOVICH G，LANE J A，et al. An implementers' view of systems engineering for systems of systems[C]//Proceedings of IEEE International Systems Conference. Montreal，2011.

[156] 马少平，朱小燕. 人工智能[M]. 北京：清华大学出版社，2004.

[157] 王凌. 智能优化算法及其应用[M]. 北京：清华大学出版社，2001.

[158] NISHIJIMA K，MAES M，GOYET J，et al. Optimal reliability of components of complex systems using hierarchical system models[J]. IEEE Transactions on Reliability，2007，56（1）：26-27.

[159] FONSECA C M，FLEMING P J. Genetic algorithms for multiobjective optimization：formulation，discussion，and generalization[C]//Proceedings of the Fifth International Conference on Genetic Algorithms，Morgan Kaufmann，San Mateo，California，1999.

[160] DEB K. Multi-objective genetic algorithms：problem difficulties and construction of test problems[J]. Evolutionary Computation，1999，7（3）：205-230.

[161] DEB K，GOLDBERG D E. An investigation of niche and species formation in genetic function optimization[C]//Proceedings of the Third International Conference on Genetic Algorithms，1989：42-50.

[162] 杨伦标，高英仪. 模糊数学原理及应用[M]. 广州：华南理工大学出版社，2002.

[163] DAUBY J P，DAGLI C H. The canonical decomposition fuzzy comparative methodology for assessing architectures[J]. IEEE Systems Journal，2011，5（2）：244-255.

[164] PETRI C A. Kommunikation Mit Automaten[D]. Phd Thesis Institut Fuer Instrumen-telle Mathematik，1962.

[165] REISIG W. Petri nets：an introduction[J]. Eatcs Monographs on Theoretical Computer Science，1985.

[166] 袁崇义. Petri 网原理[M]. 北京：电子工业出版社，2005.

[167] WAGENHALS L，LEVIS A. Service oriented architectures，the DoD architecture framework 1.5 and executable architectures[J]. Systems Engineering，2009，12（4）：312-343.

[168] WANG R，DAGLI C. Executable system architecture using systems modeling language in conjunction with colored Petri nets in a model driven systems development process[J]. System Engineering，2011，14（4）：383-408.

[169] GRIENDING K，MAVRIS D. Development of a DoDAF-based executable architecting

approach to analyze system-of-systems alternatives[C]//IEEE Aerosopace Conference，2011：1-15.

[170] DESTEFANO G. Agent Based Simulation SEAS Evaluation of DoDAF Architecture[R]. Air Force Institute of Technology，2004.

[171] MANGINO K，BOLCZAK K，SIMONS M. SWIM Evolution Strategy[R]. Brussels：MITRE Corporation，2008.

[172] LICU A. European Organization for the Safety of Air Navigation[R]. Brussels：Architecture Evolution Plan，2007.

[173] JAIN P. Architecture evolution and evaluation (ArchEE) capability[C]//Proceedings of the 2011 6th International Conference on System of System Engineering，New Mexico，2011.

[174] DOMERCANT J，MAVRIS D. Measuring the architectural complexity of military system-of-systems[C]//IEEE Aerospace Conference，USA，2011.

[175] ARTETA B，GIACHETTI R. A measure of agility as the complexity of the enterprise system[J]. Robotics and Computer-Integrated Manufacturing，2004，20（6）：495-503.

[176] AMMAR H，NIKZADEH T，DUGAN J. Risk assessment of software system specifications[J]. IEEE Transactions on Reliability，2001，50（2）：171-183.

[177] FRY D，DELAURENTIS D. Measuring net-centricity[C]//Proceedings of the 2011 6th International Conference on System of Systems Engineering. New Mexico，2011.

[178] Kasse Initiatives. System Architectures[C]//NDIA CMMI Confernence，2004.

[179] 张婷婷，王智学. 基于着色 Petri 网的作战活动模型分析与优化方法[C]//第一届指控大会论文集，2014：1247-1252.

[180] TSAI J J P，YANG S J，CHANG W H. Timing constraint Petri nets and their applications to schedulability analysis of real-time system specifications[J]. IEEE Trans，On Software Engineering，1995，21（1）：32-49.

[181] BEN-ARIEHA D，KUMAR R R，TIWARI M K. Analysis of assembly operations' difficulty using enhanced expert high-level colored fuzzy Petri net model[J]. Robotics and Computer Integrated Manufacturing，2004，20（5）：385-403.

[182] 李炜，曾广周，王晓琳. 一种基于时间 Petri 网的工作流模型[J]. 软件学报，2002，13（8）：1668-1671.

[183] 刘一洲，王智学，王庆龙. 基于时空 Petri 网的舰队海上补给系统的建模方法[C]//军事系统工程委员会第十三届学术年会论文集，2014，（11）：137-144.

[184] 罗雪山. OPMSE 技术报告[R]. 长沙：国防科学技术大学 C3I 研究中心，1999.

[185] 罗雪山. OPMSE 用户手册[R]. 长沙：国防科学技术大学 C3I 研究中心，1999.

[186] JACOBSON K. The Littoral Combat Ship (LCS) Surface Warfare (SUW) Module：Determining the Best Mix of Surface-to-Surface and Air-to-Surface Missiles[R]. United States Navy Fact File，Sept，2010.

[187] 张婷婷，刘晓明. C4ISR 体系演化过程中涌现能力建模与评估[J]. 军事运筹与系统工程，2016，30（1）：439-443.

致　谢

借本书出版的机会感谢我的家人。每当我遇到困难、信心不足时，他们总是站在我身边，给予我最真诚无私的理解、关怀和鼓励，使我鼓舞起战胜困难的勇气和决心。感谢一直给我鼓励和帮助的老师、同学、同事和朋友们。

感谢戴浩院士分别在 2017 年 8 月和 2018 年 2 月对本书稿进行两次审阅，提出详尽的修改意见，甚至会在周末休息期间亲自打电话与我讨论书稿修改事宜，尤其是 2018 年春节期间他逐字逐句审阅、修正书稿，并为本书写序，他对年轻人的这份鼓励和支持，让我很感动。他严谨的治学作风和勤奋的工作态度，激励我继续不忘初心，砥砺前行。

感谢陆军工程大学刘晓明教授、王智学教授、黄松教授，他们既是我的博士导师又是我的老领导，感谢他们对我课题研究及工作的指导、支持与提携，多年相处下来，感谢他们对我的不放弃。在我的第一本独立专著出版之际我要特别感谢中国人民解放军理工大学首席教授陈鸣教授，他是我的硕士导师，是他把我领进科学研究的大门，对我进行了严格的学术训练，他的言传身教让我受益终身。

本书成稿过程中还得到中国人民解放军军事科学院姜志平副研究员、国防科技大学李建军博士后的支持与帮助，借此书出版之际向你们表示衷心的感谢。

本书受 2017 年度国家科学技术学术著作出版基金资助，在此感谢南京航空航天大学黄志球副校长、中国电子科技集团公司第二十八研究所毛少杰研究员为本书撰写基金资助推荐信。

后　记

本书受军委科技委国防科技项目基金"新一代指挥信息系统演化理论及模型研究"（3602026）、国家自然科学基金青年科学基金项目"网络中心化 C4ISR 体系结构演化分析方法研究与应用"（61802428）、全军军事类研究生资助课题"综合电子信息系统体系演化行为建模和评估方法研究"（2014JY182）、陆军装备军内科研重要项目"面向联合作战的陆军网络化装备体系研究"（KYZYJWJK1702）、2017 年度国家科学技术学术著作出版基金的资助。

本书的思想最早起源于 2013 年作者参与的时任中国电子科学研究院副院长的许建峰研究员主持的一个国防 973 课题，该课题里面提到了系统动力学理论和演化理论，这引起了作者的兴趣，虽然这个课题最终没有得以实施，开题阶段就结束了。兴趣使然，作者仍然把系统动力学理论和演化理论作为其博士研究方向，对该领域进行了探索，通过互联网和军事科学院信息中心查阅了许多国外的研究资料，同时，作者的博士指导老师给作者提供了研究前期的一些文献资料，通过文献阅读作者发现了我军与美军在体系工程和指控系统建设能力演化分析上的差距。

随着理解的深入，作者觉得将系统演化理论放在一个军事环境中研究更有实际意义，最终作者将博士论文的题目确定为"网络中心化 C4ISR 体系演化分析方法研究"。作者注意到 2014 年 11 月我国提出构建网络信息体系的概念，作者在 2015 年 5 月与中国电子科技集团公司第二十八研究所合作了某重点预研基金项目，在该项目中作者将系统动力学理论和演化理论结合网络信息体系领域做了尝试性研究，作者所在单位的领导对此也很重视，专门安排作者去广州军区做调研并与相关部门进行探讨。

2016 年 3 月作者完成了博士论文的撰写工作，5 月在广州的一次会议上聆听了南部战区常丁求副司令员关于网络信息体系建设的报告，他的报告使作者意识到网络信息体系建设对我军的重大意义，回来之后，作者进一步分析网络信息体系构建过程中的动力学原理，通过体系工程理论、系统演化理论对其进行分析与探索，于 2017 年 5 月形成本书初稿，又经过 6 个月的时间对书中描述的模型和算法进行论证，对书稿中的文字和公式进行再三修订，于同年 12 月受到国家科学技术学术著作出版基金资助，最后通过科学出版社出版，以期为我军的网络信息体系建设做出一点点贡献。